# BeagleBone 机器人开发指南

# BeagleBone Robotic Projects

◆ [美] Richard Grimmett 著
◆ 汤凯 续欣 译

[ 激动人心的机器人之旅DIY ]

電子工業出版社
Publishing House of Electronics Industry
北京 · BEIJING

## 内容简介

本书主要介绍以 BeagleBone Black 硬件平台和 Ubuntu 操作系统为核心，自主构建机器人的实用技术与方法。内容由浅及深，循序渐进，涵盖了开发机器人方方面面的问题，包括 BeagleBone Black 平台和 Ubuntu 系统的使用与开发，机器人的语言、听觉、视觉、运动、避障等功能的实现，以及无线遥控、GPS 定位、空中飞行、水面航行等扩展功能的实现。通过系统集成技术，将各个独立功能进行整合，最终打造出一个完整的机器人。

本书可作为机器人爱好者学习如何构建机器人的入门书籍，也可作为国内各大专院校计算机专业大学生的实验指导书。对于参加各类机器人竞赛的大学生而言，本书同样具有参考价值。



版权贸易合同登记号　图字：01-2014-5486

**图书在版编目(CIP)数据**

BeagleBone 机器人开发指南/(美)格里梅特(Grimmett,R.)著；汤凯，续欣译.
北京：电子工业出版社，2015.1
书名原文：Beaglebone Robotic Projects
ISBN 978-7-121-24697-5

I. ①B…　II. ①格… ②汤…　III. ①机器人-指南　IV. ①TP242-62

中国版本图书馆 CIP 数据核字(2014)第 257760 号

策划编辑：张小乐
责任编辑：张小乐
印　　刷：三河市鑫金马印装有限公司
装　　订：三河市鑫金马印装有限公司
出版发行：电子工业出版社
北京市海淀区万寿路 173 信箱　邮编　100036
开　　本：720×1000　1/16　　印张：12.5　　字数：224 千字
版　　次：2015 年 1 月第 1 版
印　　次：2015 年 1 月第 1 次印刷
定　　价：39.00 元

凡所购买电子工业出版社图书有缺损问题，请向购买书店调换。若书店售缺，请与本社发行部联系，联系及邮购电话：(010)88254888。

质量投诉请发邮件至 zlts@phei.com.cn，盗版侵权举报请发邮件至 dbqq@phei.com.cn。

服务热线：(010)88258888。

# 关于作者

**Richard Grimmett** 自从使用 Fortran 语言在穿孔卡片上编写一个程序以来，一直着迷于计算机和电子技术。他获得了电子工程专业的学士和硕士学位，并获得了领导力研究方向的博士学位。他在雷达与电信领域有 26 年的经验，手里还有一部古老的“大哥大”手机。目前，他在杨百翰大学爱达荷分校(Brigham Young University-Idaho)讲授计算机科学与电子工程专业的课程，在他的办公室中，有很多自己完成的机器人项目。

我非常感谢我的妻子和全家，为我提供了时间和美好的环境，鼓励我完成这些项目。我同样还要感谢我的学生，他们在日常的学习中所表现出来的创造力一直都令我惊讶，并鼓舞着我。

# 关于审阅者

**Álvaro García Gómez** 是西班牙巴利亚多利德大学的一名计算机工程师，也是IT系统的技术管理员。他曾完全专注于软件开发，但是机器人和嵌入式设备引起他极大的兴趣。现在他专注于机器学习和自主机器人，这些覆盖了他的两大爱好：计算机与电子。现在他在自己的公司工作，开发很多自由软件和硬件。

**Lihang Li** 2012年在中国华中科技大学机械工程专业获学士学位，目前在中国科学院(IACAS)自动化研究所(NLPR)的模式识别国家重点实验室攻读计算机视觉方向的硕士学位。

他是华中科技大学的Dian团队的成员，主要专注于嵌入式系统开发。他熟悉嵌入式Linux、ARM、DSP和多种通信接口($I^2C$, SPI, UART, CAN, Zigbee等)。他与他的团队在2012年参加过亚洲-太平洋机器人大赛(ABU Robocon)，在中国的29只队伍中位列第三。

在研究生学习期间，他专注于计算机视觉方向的研究，特别是SLAM算法。在闲暇时光，他喜欢参加开源活动，现在是中国科学院开源俱乐部的主席。此外，搭建四旋翼飞机是他的兴趣爱好，还参与了北京Linux用户俱乐部(BLUG)的Open-Drone小组。

他的兴趣包括：Linux，开源，云计算，虚拟化，计算机视觉算法，机器学习和数据挖掘，以及多种编程语言。

你可以通过个人网站http://hustcalm.me找到他。

非常感谢我的女朋友邵晶晶(音译)，她鼓励并支持我作为本书的审阅者。非常感激她的慷慨，即使有时候我无法陪伴在她身边。同时，我还必须要感谢团队成员：莱纳，他是一个非常优秀的项目合作者。此外，还要感谢其他的审阅者，虽然我们没有相遇，但是我很高兴与你们共事。

**Derek Molloy** 爱尔兰都柏林城市大学电子工程学院工程与计算系高级讲师。从 1997 年以来，他为本科生和研究生讲授了面向对象编程、计算机 3D 图形以及数字电路等课程。他的研究方向为计算机与机器视觉、3D 图形和虚拟化，以及远程教学(e-learning)。他是大学图像处理与分析(CIPA)实验室的核心研究人员。他的研究成果广泛发表在国际期刊和会议上。此外，他还著有一本重要的教科书：*Machine Vision Algorithms in Java*(基于 Java 语言的机器视觉算法)(Springer 出版社，2001 年)。在业余时间，他在 YouTube 上维护 DerekMolloyDCU 频道，其中包括很多 BeagleBone 的学习视频。他的很多信息都集中放置在个人博客上：www. derekmolloy. de。

# 译者序

机器人技术作为20世纪人类最伟大的发明之一，自问世以来，就一直备受瞩目。随着科学技术的快速发展，机器人技术也得到了飞速发展，应用领域不断扩展。从自动化生产线到海洋资源的探索，乃至太空作业等领域，机器人从事着危险、复杂的劳动，其身影可谓是无处不在。目前，机器人也已经走进了我们的生活与工作中，在很多领域代替人类的劳动，发挥着越来越重要的作用，人类已经越来越离不开机器人的帮助。

机器人一般由机械装置、传感装置和控制系统组成。其中控制系统是神经中枢，相当于人的大脑，是机器人最重要、最复杂的部分，其核心都是一台嵌入式计算机。本书主要介绍了如何基于“BeagleBone Black 硬件平台 + Ubuntu 操作系统”的组合，自主构建机器人的原理和方法。作为 TI 公司力推的开源硬件平台，BeagleBone Black 不仅功能强大，而且价格十分低廉。Ubuntu 也是目前最为流行的 Linux 发行版。基于两种开放技术平台的机器人控制系统无疑具有非常好的扩展性和发展前景。围绕着 BeagleBone Black 硬件平台和 Ubuntu 操作系统，本书讨论了打造机器人方方面面的问题，包括 BeagleBone Black 平台的使用与开发，机器人的语言、听觉、视觉、运动、避障等功能的实现，以及无线遥控、GPS 定位、空中飞行、水面航行等扩展功能的实现，通过系统集成技术，将各个独立功能进行整合，最终打造出一个完整的机器人。本书采用“step-by-step”的方式，通过一步步的操作，教会读者如何使用 BeagleBone Black 构建一个实际的机器人。本书的最大特点是实用性强，由于不过多涉及深奥的技术原理，所以对读者的基础要求并不高，适合广大机器人开发爱好者和感兴趣的高校学生学习参考。

本书共 11 章，其中第 1 章至第 6 章由汤凯翻译；第 7 章至第 9 章由续欣翻译；第 10、11 章由刘洋翻译。全书译文最后由汤凯统一审核并定稿。

译者在翻译本书的过程中，本着忠实于原文，同时力求通俗易懂的原则，但由于水平有限，书中的缺点和错误在所难免，敬请读者批评指正。

译　者

2014 年 10 月

# 前　言

我们正身处一个激动人心的时代，我们都能深刻地体会到，因为这些巨变就发生在我们的身边。若干年前，基本上是伴随着生育高峰期出生的那一代人，当时计算机还遥不可及，被放置在大型企业或大学的密室中，使用这些计算机被严格地限制。如果希望在计算机上编程，你需要在卡片上打孔，之后装入到读卡机，然后等上一个多小时，才能得到计算机的输出结果。不得不承认，这就是我早期使用计算机的经历。

这些大型计算机，例如IBM的360系列，数字设备公司(Digital Equipment)的PDP-7，惠普公司的1000系列，当时是少数公司的专属。建造这些计算机花费了成千上万美元，但是却只有少数授权用户在专用机房里才能够使用。

这种情况持续多年，直到个人计算机(PC)的出现。我有幸认识购买第一批IBM个人计算机的人。这些计算机有两个软驱，一个单色显示器，是一台让人吃惊的设备。个人计算机的出现极大地改变了世界，那些看起来很遥远的计算技术一下子被搬到了我们办公桌上。处理器技术的进步导致了专用微处理器的诞生。它们可以用于特殊任务，而无须再使用传统的模拟电路。在很多场合下，它们改变了人机交互的方式。

这些针对特定应用的解决方案就是嵌入式系统。嵌入式系统带来了个人计算机的计算能力，但经过了裁剪，以适应家电或者是工业设备的需要。嵌入式技术的成本也得到了极大的降低，毕竟没有人愿意为门锁或者是温度传感器支付上千美元的费用。早期的嵌入式设备资源非常有限，开发应用非常具有挑战性，因为很容易出现计算能力不足，或者是用尽所有内存的情况。因此，为了在即将消耗殆尽的内存空间中增加最后一项功能，即使是计算机天才也要为此连续鏖战数天。

计算机时代孕育出了大量的硬件和软件新技术。诸如Intel公司和AMD公司生产的处理器具有令人难以置信的计算能力，内存的容量也变得非常更加充足。微软公司和苹果公司提供了功能强大且使用方便的软件产品。个人计算机已经成为家庭、学校、商业和工厂必备的工具。

嵌入式系统正如个人计算机一样快速地发展。从早期专用的四位处理器，内存只有2000字节的时代，到现在嵌入式处理器的性能和功能已经达到了标准个人计算机的水平。最典型的例子就是身边的手机，具有强大的计算能力，但是体积却非常小，价格也相当低廉。

现在已经到了引入一种小型、低成本的嵌入式系统的时候了，它不再是只能运行简单、专用的应用，而是具有满足任何类型计算需求的计算资源。同时，这些小型但强大的系统也已经超越了那些小型、专用的开发环境。它们配备有强大的操作系统，提供类似于个人计算机的功能，但是体积却要小得多。平板和智能手机的迅猛发展重新塑造了整个计算领域的面貌。

这种进步同样也影响着嵌入式领域。小型、功能强大的系统可以基于低成本的硬件，结合开源的软件构成了一个探索嵌入式世界的平台。从Arduino、树莓派到现在的BeagleBone Black，它们都在可接受的成本上，通过开源软件社区，提供了交换创意，寻找问题答案的快捷方式。具备了这样的能力之后，正如本书中描述的，真正可以做到创意无限。

本书只关注BeagleBone Black平台。本书所涉及的内容也可以适用于其他平台，只需要做稍许修改，不过这不是本书的目的。本书是希望让你学到如何建立非常有趣，但是复杂的且令人惊讶的机器人。BeagleBone Black非常具有吸引力，因为它不仅可以让我们的目标变为现实，也可以为科研与学术团体之外的人所使用。本书中，我们将完成这样的目标，并建立非常具有吸引力的项目。

本书首先介绍BeagleBone Black平台的使用基础，包括如何购买到硬件，如何安装软件并运行系统。然后，在基本的系统之上，我们将建立一些基础的功能，展示增加音频、视觉和控制的能力。

然后，我们会进入一些相对复杂的功能，包括GPS、音频和一些高级传感器。最后，我们将所有的功能进行整合，展示如何构建完整的系统。

在每章中，我会给出关于如何开展工作的具体指导。这有一定的风险，因为这些指导容易发生变化。希望你能理解我们要完成目标，在没有得到预期效果的情况下，自己能设法继续进行下去。实际上，有很多的论坛和博客可以寻求帮助，所以遇到问题，不要犹豫，去求助。

有一点需要特别注意，本书不是一个学术的练习，所以不要光看不练。我希望读完本书后，你能打造出能够带领我们进入22世纪的装置来。我经常告诉我的学生，有了计算机，他们的孩子们就可以在机器人的帮助下，生活得更加幸福。

所以，就让我们开始吧！

## 本书内容

第 1 章："BeagleBone Black 入门"，提供了第一次使用 BeagleBone Black 的方法。

第 2 章："BeagleBone Black 编程"，针对不熟悉嵌入式系统、Linux、Python 语言或其他编程语言的读者，简单介绍了如何在 BeagleBone Black 上编写程序，以帮助实现后续章节中的各项功能。

第 3 章："语音输入与输出"，展示如何为机器人增加语音识别与说话能力。

第 4 章："让 BeagleBone Black 能看见"，展示如何为机器人增加视觉功能。

第 5 章："让机器人运动——控制轮式移动"，展示如何为机器人增加轮式移动底盘。

第 6 章："让机器人运动更灵活——学会用腿走路"，展示如何让机器人具有步行的能力。

第 7 章："使用传感器避障"，展示如何通过使用传感器，让机器人在运动的同时具备避障的能力。

第 8 章："真正的移动——远程遥控机器人"，展示如何使用遥控设备来控制机器人。

第 9 章："使用 GPS 接收器定位机器人"，展示如何为机器人添加 GPS 接收器。

第 10 章："系统集成"，介绍组合所有的能力，同时发挥作用的方法。

第 11 章："上天 · 入地 · 下海"，介绍本项目一些拓展的能力，如飞行、航行和潜水。

## 工作环境

本书每章的内容不仅介绍所需硬件设备，还包括相应的软件资源。不过，为了实现每个功能，还需要一台连接互联网的计算机、一台 BeagleBone Black 和电源。

## 读者对象

本书面向初学者。不过，在开始具体的内容之前，至少需要读者熟悉计算机的基本使用方法和功能。不需要有编程经验，但是有的话会有帮助。书中会向读者介绍 Linux 操作系统的基本使用，所以有 Linux 基础会有帮助，但这不是必须的。读者不仅需要对机器人和嵌入式设备的工作原理有着极大的兴趣，同时，在搭建自己的硬件并调试软件时，还要有足够的耐心。

## 本书约定

本书中，读者会看到一些标题反复出现。

为了给读者完成各项功能提供清晰的指导，我们使用了如下标题和图标。

### 任务简述

解释任务的目标，并附上任务完成后的实物图片。

### 亮点展示

介绍将要实现的功能为什么很酷、很特别，以及有趣的方面，描述了该功能的亮点所在。

### 目标

介绍达到目标所需完成的各个任务，具体的形式是：

- 任务 1
- 任务 2
- 任务 3
- 任务 4，等等

### 任务检查清单

介绍任务的准备条件，例如，所需的资源或者需要下载的库文件等。

### 任务 1

具体介绍需要完成的任务。

### 任务准备

介绍在正式开始任务之前需要做的准备工作。

### 任务执行

介绍实现任务目标需要完成的具体步骤。

### 任务完成-小结

对前面任务执行过程进行简要的总结。

### 补充信息

与任务相关的额外信息。

书中还会有一些特殊的字体风格，方便与其他信息进行区分。这里有这些风格的例子，让我们来解释它们的含义。

代码字符如下显示："你可以使用这样的命令 `ls -la /dev/sd*`"。

一段代码按照以下的方式显示：

```
#Smooth image, then convert the Hue
    cv.Smooth(img,img,cv.CV_BLUR,3)
    hue_img = cv.CreateImage(cv.GetSize(img), 8, 3)
    cv.CvtColor(img,hue_img, cv.CV_BGR2HSV)
```

任何命令行输入或输出按照下面的写法：

```
xz -cd ubuntu-precise-12.04.2-armhf-3.8.13-bone20.img.xz > /dev/sdX
```

新的术语和重要的单词使用粗体显示。在屏幕、菜单或者对话框中所见到的单词的显示方式为："第一次运行软件时，Safe start violation 标签被设置，在屏幕的左下角单击 Resume 按钮清除该设置"。

警告或者重要的注释以这种方式显示。

提示或者技巧以这种方式显示。

# 目录

# 第 1 章

# BeagleBone Black 入门

订购硬件是任何一个项目中令人兴奋的事情。因为一旦得到了这些令人惊讶的硬件，你就可以实现自己的梦想。不幸的是，首次尝试硬件所遭遇的挫败，会让很多开发者，特别是那些缺乏使用专用系统经验的开发者，感到沮丧，甚至最终将硬件丢弃在柜子中，与宠物石和盒式磁带录音机一道落满灰尘。

## 1.1 任务简述

没有什么能比得上订购到最新技术产品并期盼着它的到来更加令人兴奋。实现自己的项目，做出令人吃惊的创造，收获来自于家人、朋友、大学同学的褒奖都是你的梦想。然而，现实却显得很骨感。当你打开包装，配置你的 BeagleBone Black 时，本章的内容将会帮助你避免一些意外的困难。按照书中的步骤，回答所有的问题，可以帮助你理解所发生的一切。如果不能完成这个项目，那么你就不会在其他项目上取得成功，所以打起精神，准备开始我们的兴奋之旅吧。

完成这个任务最具挑战的是，作为你的向导，必须决定每个步骤应该描述到什么详细程度。读者中有些是初学者，有些已有一定的经验，还有一些可能在某些领域有更多的见识。因此，本书尽量做到简明扼要，但是同时也要保证透彻，这样至少读者能够知道按照什么样的步骤可以成功。当你遇到问题时，本书也会指出获取帮助的其他途径。所以，对于本次任务，下面就是你的目标。

### 1.1.1 目标

你的目标是：

- 连接好键盘、鼠标和显示器。
- 改变操作系统。

- 增加图形用户界面(GUI)。
- 远程访问 BeagleBone Black。

**下载样例代码和彩色图片**

可以通过访问 http://www.huaxin.com.cn 获取本书的样例代码和彩色图片。也可以通过访问 http://www.packtpub.com/support 网页得到这些文件。

### 1.1.2 任务检查清单

以下是本任务所需的材料清单：

- 一块 BeagleBone Black 开发板。
- BeagleBone Black 附带的 USB 连接线。
- 有合适的视频输入接口的显示器。
- 键盘、鼠标和支持外部电源供电的 USB hub。
- 一个容量至少 4 GB 的 Micro SD 卡。
- 一个 Micro SD 读卡器。
- 一台连接互联网的计算机。
- 供 BeagleBone Black 开发板使用的互联网连接。

## 1.2 打开包装盒

BeagleBone Black 到手后，打开包装盒，你所看到的将如下图所示。

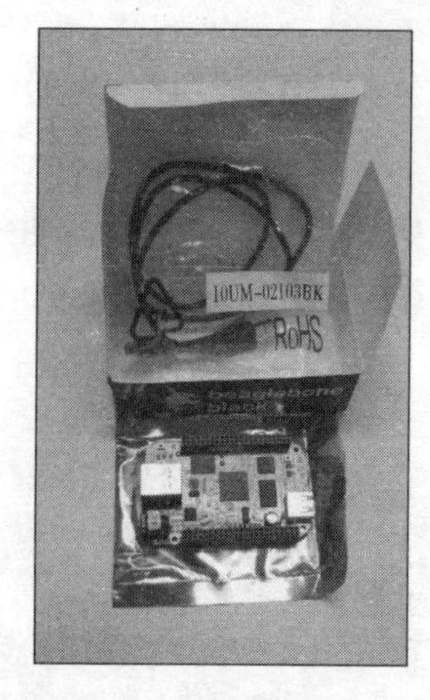

### 1.2.1 任务准备

在开发板上连接任何其他部件之前，仔细检查开发板。虽然一般不会有什么问题，但是最好做一个快速的目测，也正好熟悉一下开发板的各种接口，如下图所示。

### 1.2.2 任务执行

现在可以开始了。首先需要给开发板供电。你会注意到这里并没有连接到开发板上5V直流电源插座的电源线。实际上，开发板有两种供电方式。一种是通过USB的连接线，请按下面的步骤操作：

- 将USB连接线的micro-USB接口一端连接到BeagleBone Black上。
- 将USB连接线标准尺寸USB接口的一端连接到PC或者有USB接口的稳压电源上。

如果打算使用直流电源，要确保稳压电源的额定电流在1安以上。虽然开发板不一定始终需要这么大的工作电流，但是如果不能保证额定电流，开发板可能会关机。

开发板的另一种供电的方式是：直接将5 V稳压电源连接到电源插座上。但是要确保电源插头规格是5.5×2.1毫米（中心为正），额定电流在1安以上。同样，这也是必须的。

即使打算选择稳压电源，刚开始我们还是利用USB来供电。因为一方面几乎所有后续任务都将使用电池盒进行供电。另外，使用USB方式供电，可以通过USB接口建立与计算机之间的通信，确保开发板的正常工作。

### 1.2.3 任务完成-小结

插入电源后，在5V输入附近的PWR LED会发出蓝光。下图是这个LED的图片。

在以太网口右侧的四个LED最终会闪烁蓝光。最右侧的LED为心跳灯(每秒快闪两次)，可以让你知道处理器正在运行。

现在可以使用一些计算机软件来检查开发板是否正常工作。当第一次将开发板插入到Windows PC的USB口时，会在Windows的右下角看到安装新硬件的提示。稍等片刻，会弹出设备就绪的提示。如果使用的是Windows 7，可以在“设备与打印机”(在“开始”菜单中选择)查看新设备，如下图所示。

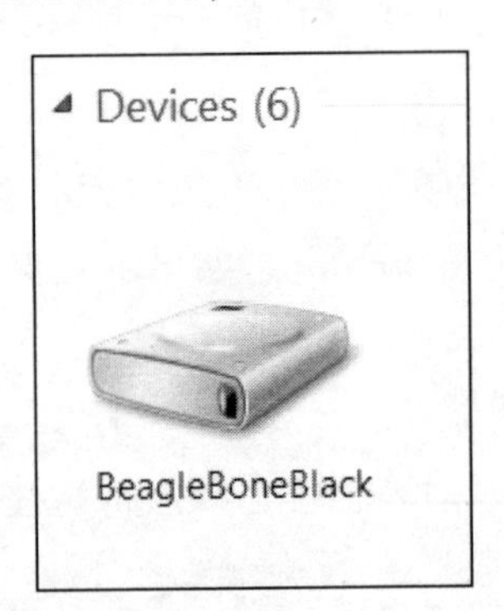


如果你看到这个，同时最右侧的心跳灯闪烁正常，那么说明开发板连接成功。如果没有看到上述现象，请阅读后面的“补充信息”内容。

一旦连接成功，那么就可以通过 USB 连接与开发板进行通信了。打开 Firefox 或 Chrome 浏览器，输入 IP 地址 192.168.7.2，在浏览器中可以看到：

一旦到达此步，那么祝贺你！你已经与你的 BeagleBone Black 建立了通信，因为网页是由开发板上的 Web 服务器提供的。你已经做好了进入下一步的准备。不用单击本页上的链接，因为你将会使用一个不同的方式来更新 BeagleBone Black。如果遇到问题，beagleboard.org 上有大量的论坛，可以帮助你解决任何开发板使用方面的问题。

### 1.2.4 补充信息

为开发板供电也存在一些挑战，因为开发板需要至少 500 毫安的电流，而很多 USB 连接线和 USB 端口的输出电流被限制在 500 毫安。如果在一个不能提供足够电流的电源上使用这样的 USB 线来为开发板供电，那么在开发板上电后，蓝色 LED 开始闪烁，然后所有的功能都被关闭。这是早期开发板的一个非常突出的问题。

同样，如果你最终连上了开发板，还需要下载驱动。这些都可以从 beagleboard.org 网站获取。

## 1.3 接上键盘、鼠标与显示器

开发板上电后，看到闪烁的LED，此时你已经可以通过USB接口访问开发板的基本功能。然而，你会希望做更多的事情。本次任务帮助你实现这个目标。

### 1.3.1 任务准备

确认开发板已经可以工作，并且已经通过USB连接线验证了与计算机之间的连接。现在可以增加外部设备，使之成为一个独立的计算机系统。这个步骤是可选的，因为在将来，本项目将不会把键盘、鼠标和显示器直接连接到开发板。不过，这样对于系统的调试来说，会提供很大的便利。同时，了解如何与开发板进行连接也是有帮助的。此外，在正式开始项目之前，也可以使用这样的配置来验证基本的软件安装。

此时，你需要：

- 一个USB鼠标。
- 一个键盘。
- 一个显示设备。
- 可能还需要一个USB hub，如果没有，准备一个可以外部供电的USB hub，这对于项目后续的工作非常重要。

大多数读者已经拥有上述设备，但是如果你没有，那么在采购之前，有些需要考虑的因素。先从键盘和鼠标开始，大多数鼠标和键盘都是USB接口的，但是你会注意到，在BeagleBone Black上只有一个USB端口。因此，需要一个USB hub。

在决定使用USB hub连接到BeagleBone Black之前，必须要理解两种不同的hub之间的区别，一种是自供电式的hub，另一种是总线供电式的hub。大多数的USB hub都为总线供电方式，原因是通常这些hub会连接到能够提供较大电流的计算机USB口上，从计算机的USB口供电不是问题。但是对于开发板来说却并非如此，开发板上的USB端口只能提供有限的电流，所以如果插入一个需要大量电流的USB设备，例如WLAN的网卡，或者Kinect传感器，那么必须使用自供电式的USB hub，可以通过专门的外部电源为USB设备供电。

如果你有一个不是自供电的hub，但是仍然希望连接键盘和鼠标，不用担心，它们会正常工作的，因为鼠标和键盘不需要很大的电流。如果你还没有键盘和鼠标，或者正在寻找用在开发板上的键盘和鼠标，建议你选择带有鼠标的键盘。这样键盘和触摸板两个设备就只需要占用一个 USB 口。

完成本阶段的任务还需要一台显示器。首先需要了解清楚哪种显示器可以用在 BeagleBone Black 上。BeagleBone Black 唯一的视频输出是 micro-HDMI 接口。最简单的连接方式是将开发板直接接到有 HDMI 输入接口的电视或者显示器上。所以，你需要买一根一头是 micro-HDMI 接口，另一头是标准 HDMI 接口的连接线，或者使用一个 micro-HDMI 接口到标准 HDMI 接口的转接器。具有 HDMI 接口的显示器相对较新，如果你的显示器只有 DVI 输入，那么可以购买一个适配器或者 HDMI 到 DVI 的转换线。我所使用的显示器就只有 DVI 输入。

千万要注意 HDMI 转 VGA，或者 HDMI 转 S-Video 的两种适配器的区别。这是两种类型的信号：HDMI 与 DVI 是数字信号标准，而 VGA 和 S-Video 是模拟信号标准。有些适配器确实可以做到这种转换，但是必须要有相应的转换电路，也必须为其供电，所以与简单的适配器相比，价格上要高得多，并且输出的质量也较低。

### 1.3.2 任务执行

现在已准备就绪，将 USB hub 连接到 BeagleBone Black 标准的 USB 端口，键盘和鼠标连接到 USB hub、显示器连接到了 micro-HDMI 的连接器上，如下图所示。

一旦所有的这些都连接好，插入 USB hub、显示器，最后是 BeagleBone Black。因为不再打算使用计算机的 USB 连接，所以只使用标准的 USB 5V 电源。在通电前，确保所有设备都已连接好。大多数操作系统都支持设备的热插拔，但这在嵌入式环境中有点不可靠。当连接一个新的硬件之前，最好关闭电源。

### 1.3.3 任务完成-小结

一旦完成上述操作，开发板接上电源正常运行。它将会启动内置 eMMC(一种内部的存储卡)中默认的操作系统，如下图所示。

现在可以直接操作 BeagleBone Black 了。这是一个非常重要的步骤，虽然本书中大多数的任务都会使用计算机进行远程编程和控制，但是，直接的控制对于调试来说非常必要。后面将会用得上，因为将来很有可能会出现各种问题，可以利用这种方式来解决问题。

### 1.3.4 补充信息

这里提示本任务的一些注意事项。首先，如果供电有问题，检查电源是否能够提供足够的电流。不要使用额定电流低于1安的电源。同样，如果直接使用 USB 连接供电，确保使用配套的 USB 连接线。有些 USB 线有电流限制，会导致供电方面的问题。

关于连接显示器的注意事项：开发板提供的 HDMI 接口是 micro- HDMI 接口，

通常需要一个适配器。我使用的廉价显示器只有 DVI 输入，所以我购买了一根连接 HDMI 与 DVI 的线缆，还购买了 micro-HDMI 到标准 HDMI 接口的适配器。由于某些原因，配置上遇到了一些问题，因为使用了一个有问题的 HDMI 适配器。现在我倾向于使用一头是 micro-HDMI 接口、另一头是标准的 HDMI 接口的线缆，然后再使用一个标准 HDMI 到 DVI 的适配器。这看起来更加可靠，而且这样还可以使用 HDTV 作为显示器。选择配件的一个挑战是还需要考虑到未来的需求。

## 1.4 改变操作系统

现在系统已经正常工作，但是我们还打算做一件看起来自讨苦吃的事情，即不再使用开发板自带的系统，而是自己安装一个新的操作系统，这样开发板启动后将运行不同的操作系统。这样做的原因在下一节就会清楚。

### 1.4.1 任务准备

开发板自带的操作系统是 Ångström。不同于 Windows、Android 或 iOS，现在的 Linux 不是完全为一家公司所控制，而是一个群体的努力结果，大多数为开源软件，而且是开放的，只不过在成长中稍有些混乱。

因此，一系列的发行版出现了，每个都建立在相似的内核或者是核心的能力之上。这些核心的能力又都建立在 Linux 规范之上。然而，它们是以不同的方式组织的，为不同的组织所开发、支持和管理。Ångström 就是其中之一，Ubuntu 则是另外一种。还有很多其他种类，但是这两种是 BeagleBone Black 主要使用的 Linux 发行版。

我选择使用 Ubuntu 发行版，基于以下一些原因。首先，Ubuntu 是最为流行的 Linux 发行版之一，因为有良好的社区支持，所以是一种好的选择；其次，我也喜欢在自己的计算机上使用 Ubuntu 发行版。它提供了完善的功能，并且组织得非常好，能够支持最新的硬件和软件。在 BeagleBone Black 和计算机上使用相同的版本对于我来说更为方便，至少从使用方式上来说，是完全一致的。这样可以在 BeagleBone Black 上使用一些软件之前，首先在计算机上试用。我还发现对于新的硬件，Ubuntu 支持得非常好，这对于我们的项目来说非常重要。

有些开发者喜爱使用 Ångström 发行版，对于该发行版的支持正在改善，也是相对便于使用的。当然还有其他的选择，比如 Arch，也有人使用 Android。本书中的项目只使用 Ubuntu 发行版。

### 1.4.2 任务执行

有两种在 BeagleBone Black 上安装 Ubuntu 的方法。可以购买一个已经安装了 Ubuntu 的 SD 卡，或者自己下载到计算机，然后安装到 SD 卡上。我认为购买 SD 卡无须指导，只要到网络上搜索销售 SD 卡的公司即可。

如果打算下载 Ubuntu 并自己写入 SD 卡，则要决定是使用 Windows 系统，还是 Linux 系统。不过，两个系统的使用方式本书都会介绍。

首先，你需要下载操作系统镜像文件。这个步骤对于 Windows 系统和 Linux 系统来说是一样的。打开浏览器窗口，可以在很多网站上找到镜像文件。我个人使用 http://elinux.org/Beagleboard:Ubuntu_On_BeagleBone_Black。该网站上有很多不同的镜像文件，以及如何使用的指南。我个人喜欢使用 Ubuntu 的 12.04 版本。该版本既可以支持各种需求，同时也非常稳定。选择该镜像并下载。

如果使用 Windows 系统，需要使用压缩工具，如 7-Zip，来解压文件。如果没有这样的工具，可以参照 beaglebone.org 网站上的 Getting Started 网页。解压出来的文件后缀是.img，可以直接写入到 SD 卡上。

有了镜像文件，需要一个将镜像文件写入到 SD 卡的工具软件。我使用 Windows 中的 Image Writer 工具。如果没有这样的工具，同样可以参照 beaglebone.org 网站上的 Getting Started 网页。将 SD 卡插入到 PC，运行工具软件，选择 SD 卡和镜像文件，然后单击“Write”，稍等片刻，写入完成后将 SD 卡从 PC 上弹出。

如果使用 Linux 系统，同样需要解压文件，然后写入到 SD 卡中。只要使用一条命令即可。不过，需要先找到 SD 卡在/dev 目录下的设备名，命令是 `ls-la /dev/sd*`。在插入 SD 卡之前运行该命令，可以看到：

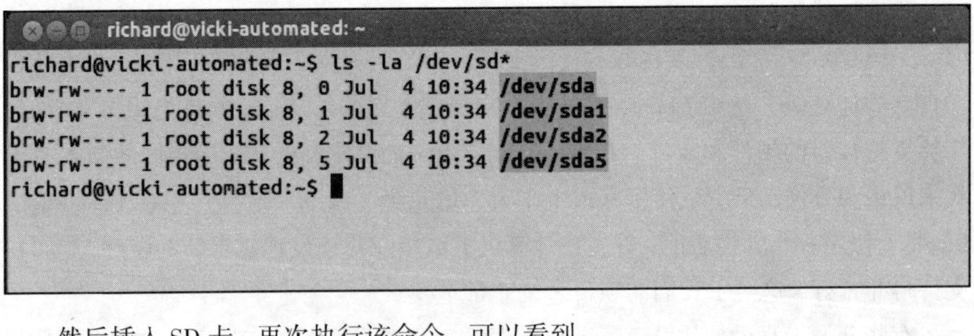

```
richard@vicki-automated: ~
richard@vicki-automated:~$ ls -la /dev/sd*
brw-rw---- 1 root disk 8, 0 Jul  4 10:34 /dev/sda
brw-rw---- 1 root disk 8, 1 Jul  4 10:34 /dev/sda1
brw-rw---- 1 root disk 8, 2 Jul  4 10:34 /dev/sda2
brw-rw---- 1 root disk 8, 5 Jul  4 10:34 /dev/sda5
richard@vicki-automated:~$
```

然后插入 SD 卡，再次执行该命令，可以看到：

```
richard@vicki-automated: ~
richard@vicki-automated:~$ ls -la /dev/sd*
brw-rw---- 1 root disk 8,  0 Jul  4 10:34 /dev/sda
brw-rw---- 1 root disk 8,  1 Jul  4 10:34 /dev/sda1
brw-rw---- 1 root disk 8,  2 Jul  4 10:34 /dev/sda2
brw-rw---- 1 root disk 8,  5 Jul  4 10:34 /dev/sda5
brw-rw---- 1 root disk 8, 16 Jul 11 09:50 /dev/sdb
brw-rw---- 1 root disk 8, 17 Jul 11 09:50 /dev/sdb1
brw-rw---- 1 root disk 8, 18 Jul 11 09:50 /dev/sdb2
richard@vicki-automated:~$
```

可以发现SD卡对应于sdb。进入到下载文件的目录，执行以下命令：

```
xz -cd ubuntu-precise-12.04.2-armhf-3.8.13-bone20.img.xz > /dev/sdX
```

Ubuntu-precise-12.04.2-armhf-3.8.13-bone20.img.xz是下载的镜像文件，/dev/sdX替换为实际的SD卡设备名，本例中是/dev/sdb。然后弹出SD卡，就可以准备插入BeagleBone Black中启动了。

### 1.4.3 任务完成-小结

在插入micro SD卡之前，确保BeagleBone Black没有加电，然后加上电源。启动后，可以在屏幕上看到：

```
Ubuntu 12.04.2 LTS  ubuntu-armhf tty1

ubuntu-armf login:
```

可以登录到系统了。使用下载镜像文件的用户名和口令(需要注意的是，不同的镜像文件用户名和口令是不同的，但是在下载页面可以很容易找到这些信息)。我所下载的镜像文件的用户名是Ubuntu，口令也是Ubuntu。注意，口令在输入过程中是不可见的。记住用户名和口令，本书中将经常用到。输入用户名和口令，系统的状态变为：

```
Ubuntu 12.04.2 LTS  ubuntu-armhf tty1

ubuntu-armf login: ubuntu
Welcome to Ubuntu 12.04.2 LTS (GNU/Linux 3.8.13-bone20 armv71)

* Documentation:  https:/help.ubuntu.com/

The programs included with the Ubuntu system are free software;
The exact distribution terms for each program are described in the
individual files in /usr/share/doc/*/copyright.

Ubuntu comes with ABSOLUTELY NO WARRANTY, to the extent permitted by
applicable law.

ubuntu@ubuntu-armhf:~$
```

现在已经登录到系统中，接下来可以输入命令了。

### 1.4.4 补充信息

现在出现了两个问题：在完成该任务时是否需要一台计算机？哪种计算机是你需要的？对于第一个问题，回答是肯定的。整个项目的目标是一个自主的机器人，具有有限的通信能力，需要使用一台计算机来发出命令，并且检查 BeagleBone Black 中的状态。对于第二个问题，回答有些困难。因为使用的是 Linux 系统，而且在 BeagleBone Black 上使用的是著名的 Ubuntu 系统，所以在远程计算机中也使用 Ubuntu 系统是有优势的。因为，在嵌入式系统上实际操作之前，可以首先在计算机上进行测试。同样，由于面对相同的命令，可以降低学习难度。

然而，现在大多数计算机上都是安装的 Windows 系统。实际上，Windows 系统也可以满足所有需要，比如输入命令、显示信息等。所以不管是使用 Windows 还是 Ubuntu 都是可以的。在允许的情况下，书中会分别给出两种系统的例子。

还有一个我喜欢的做法，就是可以在计算机上同时访问两种操作系统。以前，这是通过双启动的方法实现的，也就是说，PC 上安装了两种操作系统，在启动时，用户选择进入哪一个系统。但是，每次切换操作系统是一件比较费时的事情，同时这种方法也会占用很多的硬盘空间。实际上，还有一种更好的方式。

在安装了 Windows 系统的计算机上，我使用虚拟机软件 VirtualBox(来自于 Oracle)安装了一个虚拟的 Ubuntu 系统。VirtualBox 软件可以让用户在 Windows 系统中同时运行 Ubuntu 系统。这样，在使用 Ubuntu 系统的同时，仍然可以使用 Windows 系统的功能。这里不再具体介绍安装的方法，网络上有大量的帮助文档，只要使用 Ubuntu 和 VirtualBox 关键词进行搜索即可。有些网站提供了简易的、一步一步的安装指导。其中一个我喜欢的网站是：http://www.psychocats.net/Ubuntu。

## 1.5 增加用户图形界面(GUI)

前面已经建立好了 Ubuntu 系统，在终端中可以输入命令并查看结果。然后，在给机器人增加运动、说话或者交互能力之前，还需要添加一些额外的基本功能。首先，为了能够升级系统、增加新的功能，必须要连接互联网。其次，在本书的项目中，很多场合都需要使用图形化软件，最典型的例子是在连接网络摄像机或者其他图像传感器的场景下。

### 1.5.1 任务准备

由于需要使用图形用户界面，所以现在首先来解决这个问题。

从路由器或者交换机连接一根网线到 BeagleBone Black，然后重启 BeagleBone Black。

在终端输入 ifconfig 命令，可以看到：

```
ubuntu@ubuntu-armhf:~$ ifconfig
eth0      Link encap:Ethernet  HWaddr c8:a0:30:bd:2c:9e
          inet addr:157.201.194.187  Bcast:157.201.194.255  Mask:255.255.255.128
          inet6 addr: fe80::caa0:30ff:febd:2c9e/64 Scope:Link
          UP BROADCAST RUNNING MULTICAST  MTU:1500  Metric:1
          RX packets:1813 errors:0 dropped:0 overruns:0 frame:0
          TX packets:152 errors:0 dropped:0 overruns:0 carrier:0
          collisions:0 txqueuelen:1000
          RX bytes:190064 (190.0 KB)  TX bytes:23358 (23.3 KB)
          Interrupt:56

lo        Link encap:Local Loopback
          inet addr:127.0.0.1  Mask:255.0.0.0
          inet6 addr: ::1/128 Scope:Host
          UP LOOPBACK RUNNING  MTU:65536  Metric:1
          RX packets:0 errors:0 dropped:0 overruns:0 frame:0
          TX packets:0 errors:0 dropped:0 overruns:0 carrier:0
          collisions:0 txqueuelen:0
          RX bytes:0 (0.0 B)  TX bytes:0 (0.0 B)

ubuntu@ubuntu-armhf:~$
```

该命令将告诉你开发板是否具有有效的 IP 地址，并能够连接到互联网。上图中，IP 地址为 157.201.194.187。这个地址是由路由器分配的(实际为 DHCP 服务分配)。

通常有两种类型的 IP 地址分配方式，一种是静态方式，另一种是动态方式。对于静态分配地址方式，每次都会使用相同的地址。对于动态分配地址方式，每次系统启动后，都会被动态分配一个地址。大多数的系统都使用动态地址分配方式。不过，如果你的系统没有发生变化，通常将获得同样的 IP 地址。可以访问 http://www. teracomtraining. com/tutorials/teracom-tutorial-dynamic-IP-addresses-and-DHCP. htm，了解有关 DHCP 更多的信息。

此时，如果你希望更新操作系统，可以使用 sudo apt-get update 命令。该命令首先会提示输入[sudo]的口令。输入口令后，系统会自动地寻找所有与系统与应用相关的更新。这个操作可能需要很长时间，具体时长取决于系统的新旧程度。

### 1.5.2 任务执行

开发板已经连上互联网，并且也更新了 Ubuntu 系统，下面可以安装图形用户界面了。Ubuntu 系统通常自带一个全功能的图形系统。然而，这会用掉大量的内存，带来性能方面的下降。所以，最好安装轻量级的图形系统。有很多选择，我喜欢使用 Xfce。Xfce 运行稳定，提供了相对完整的图形功能，但是又不会消耗过多的系统资源。使用 `sudo apt-get install xfce4` 命令安装。同样，系统会要求输入口令。安装时间会比较长，因为不仅仅安装该图形系统，还会安装图形系统所需要的大量的软件包。

关于安装软件的小提示：本书中都可以使用 `apt-get` 来安装软件。这条命令的便捷之处是，在安装软件的同时，还会自动安装该软件所依赖的其他软件包。不过，有一点要注意：即便如此，仍然有可能会出现问题。例如，有时你发现安装的软件无法运行，原因可能是系统不清楚该软件的依赖关系。

### 1.5.3 任务完成-小结

当 Xfce 图形系统安装完毕，使用 `sudo reboot` 命令重启系统。Ubuntu 会重启并进入到登录界面。登录后，输入 `startx` 命令。稍等片刻，Xfce 图形系统启动。首次运行将会看到 Welcome 提示，要求进行首次使用前的设置。选择 User default config 选项。

然后，就可以看到如下的界面。

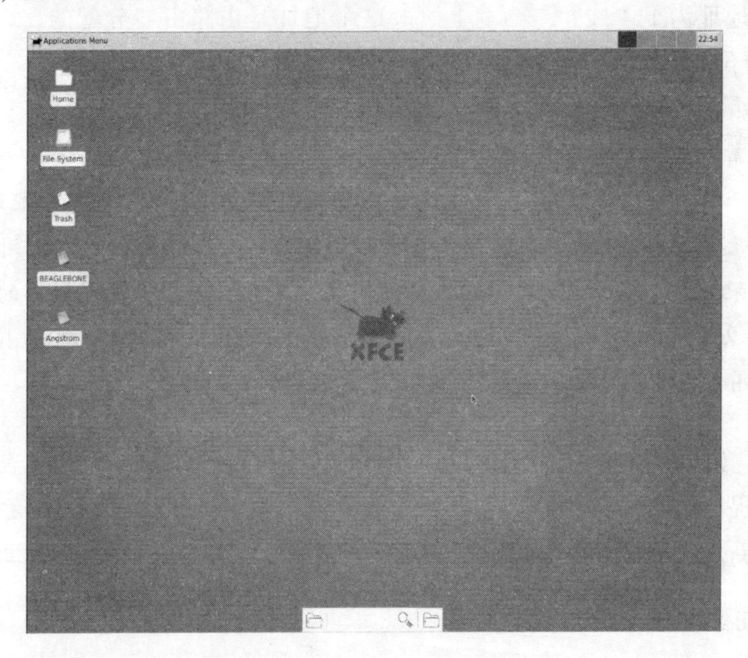


如果看到光标，那么就意味着 Xfce 安装成功了。

### 1.5.4 补充信息

你可能要问，为什么不将镜像文件直接复制到 BeagleBone Black 的内置 eMMC 中，而是复制到外置的 SD 卡中？有两个原因，一是，内部 eMMC 的 2 GB 容量不足以安装很多软件，所以需要一个外置的 SD 卡。二是，有时候需要从头开始，使用外置 SD 卡就非常容易，内置 eMMC 的内容则保持相对固定。有许多网站介绍了如何在内部的 eMMC 中创建 Ubuntu 系统，但是我不打算这样做。不过，即便不使用内部的 eMMC 空间仍也有很多不足，比如系统启动的速度慢，而且还需要额外购置 SD 卡，但是从长期来说使用外置的 SD 卡是值得的。

## 1.6 远程访问 BeagleBone Black

现在你有了一个可用的 Ubuntu 系统。可以用来访问互联网，撰写精彩的小说，管理自己的财务，就像任何一台普通的计算机一样。然而，这并不是最终目的。我们需要使用嵌入式系统来构建富有创造性的项目。在大多数情况下，我们不希望连接一个键盘、鼠标和显示器，因为需要保持机器人的体积和机动性。然而，开发板仍然需要进行通信与编程，以及在出现问题时了解发生的状况。因此，需要花费一些时间建立到开发板的远程访问能力。

### 1.6.1 任务准备

为了完成本次任务，必须将 PC 连接到局域网。

### 1.6.2 任务执行

PC 有三种访问 BeagleBone Black 的方式。

- 通过终端方式，使用 SSH 协议。
- 使用 vncserver 软件，在 PC 上可以打开一个窗口，显示 BeagleBone Black 上的图形界面。
- 在计算机的 Windows 系统中，使用 WinScp 软件与 BeagleBone Black 之间传递文件。

首先，保证 BeagleBone Black 的系统已经正常工作。打开终端窗口，检查 BeagleBone Black 的 IP 地址(在 BeagleBone Black 上运行 `ifconfig` 命令)。可以得到如下显示结果：

```
ubuntu@ubuntu-armhf:~$ ifconfig
eth0      Link encap:Ethernet  HWaddr c8:a0:30:bd:2c:9e
          inet addr:157.201.194.187  Bcast:157.201.194.255  Mask:255.255.255.128
          inet6 addr: fe80::caa0:30ff:febd:2c9e/64 Scope:Link
          UP BROADCAST RUNNING MULTICAST  MTU:1500  Metric:1
          RX packets:198 errors:0 dropped:0 overruns:0 frame:0
          TX packets:64 errors:0 dropped:0 overruns:0 carrier:0
          collisions:0 txqueuelen:1000
          RX bytes:20676 (20.6 KB)  TX bytes:8905 (8.9 KB)
          Interrupt:56

lo        Link encap:Local Loopback
          inet addr:127.0.0.1  Mask:255.0.0.0
          inet6 addr: ::1/128 Scope:Host
          UP LOOPBACK RUNNING  MTU:65536  Metric:1
          RX packets:0 errors:0 dropped:0 overruns:0 frame:0
          TX packets:0 errors:0 dropped:0 overruns:0 carrier:0
          collisions:0 txqueuelen:0
          RX bytes:0 (0.0 B)  TX bytes:0 (0.0 B)

ubuntu@ubuntu-armhf:~$
```

“inet addr”后面指定了 BeagleBone Black 的 IP 地址。首先，在计算机上配置 SSH 终端。SSH 终端是一个安全 Shell 超级终端(Secure Shell Hypterminal)，可以通过该终端访问 BeagleBone Black 并输入命令。为此，在计算机上需要一个 SSH 的终端程序。在 Windows 系统中，我比较喜欢使用 PuTTY。PuTTY 是免费的，而且使用方便，可以保存配置，无须每次都重新进行设置。在浏览器的搜索引擎中输入 putty，可以立刻得到下载 PuTTY 的网址：www. putty. org。

下载 PuTTY 到 Windows 系统中，进入到下载目录运行 putty. exe，可以看到一个配置窗口，如下图所示：

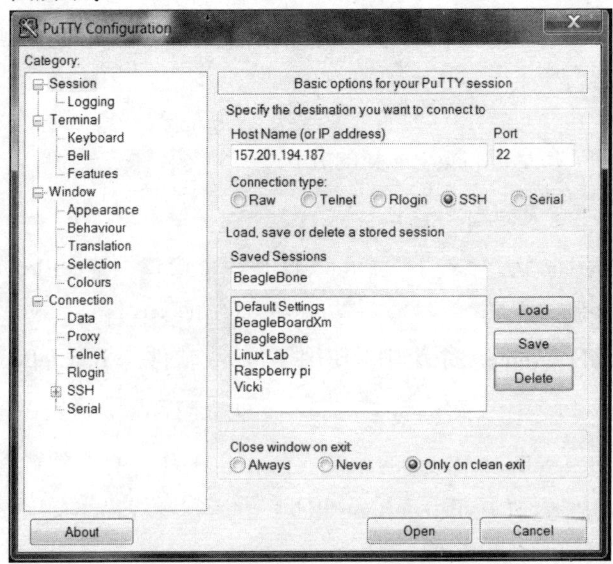

在 Host Name 输入框中输入 BeagleBone Black 开发板的 IP 地址，Connection Type 选项确保选择 SSH，以 BeagleBone 名字保存配置，以便今后使用时可以直接调用。

单击 Open 按钮，PuTTY 会尝试通过局域网创建一个到 BeagleBone Black 的终端。第一次连接时，会有关于 RSA 密钥的提示，因为此时计算机和 BeagleBone Black 相互之间还没有建立信任关系。选择 OK，就可以得到一个有登录提示的终端。

现在可以登录并进入命令行状态。如果你的计算机使用的是 Linux 系统，那么这个过程更加简单。只要输入命令 `ssh Ubuntu@ 157.201.194.187 -p 22`，即会创建一个到 BeagleBone Black 的登录窗口，与前面的情况类似。

SSH 是一个与 BeagleBone Black 通信非常有用的工具，我经常使用。但是，有时你更需要一个图形界面，但又不想在 BeagleBone Black 上连接一个显示器或者是小的 LCD 屏。这时，可以使用一个叫 vncserver 的工具。首先，在 BeagleBone Black 上安装该软件，在 BeagleBone Black 的终端上输入命令 `sudo apt-get install tightvncserver`。

Tightvncserver 是一个能够远程显示图形系统的软件。一旦安装完毕，可以输入 `vnserver` 启动该软件。此时，需要输入一个口令，如下图所示：

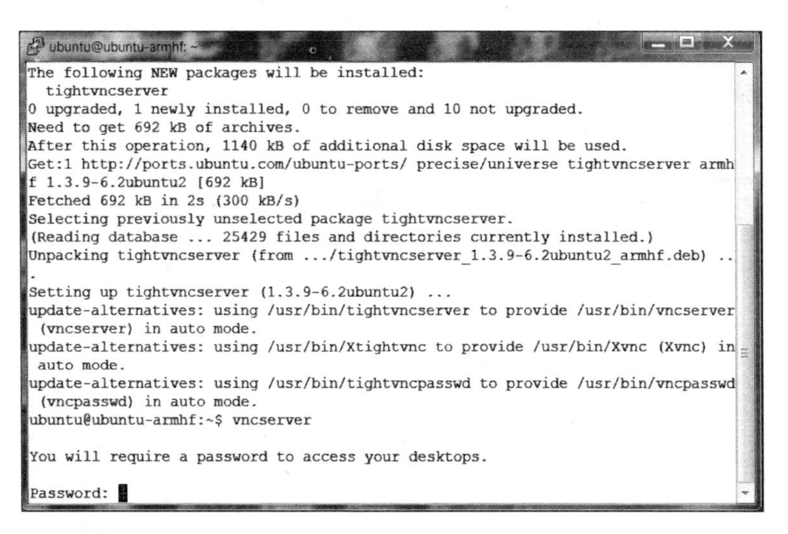


这是一个传递给在 BeagleBone Black 上运行的 vncserver 的口令，不同于登录时所使用的口令。自行选择一个口令，vncserver 就被启动了(如果只是用来查看，就无须设置口令)。

在远程计算机上，需要一个 VNC viewer 软件。在 Windows 系统上，我使用 Real VNC。该软件启动后显示的界面如下图所示：

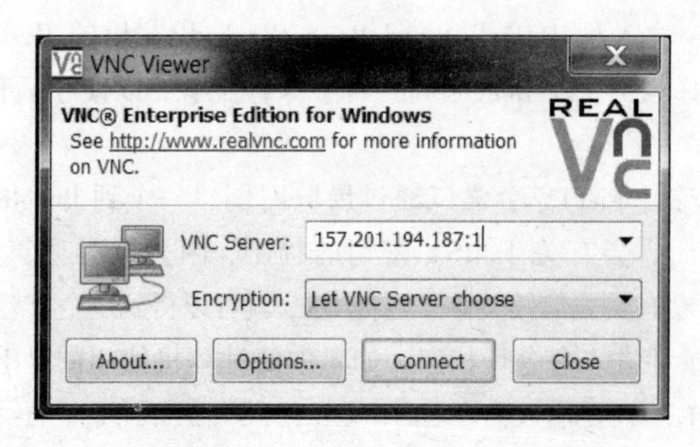


输入 VNC Server 的 IP 地址，即 BeagleBone Black 的 IP 地址，后面跟上“:1”，然后单击 Connect 按钮，将会出现下面的窗口：

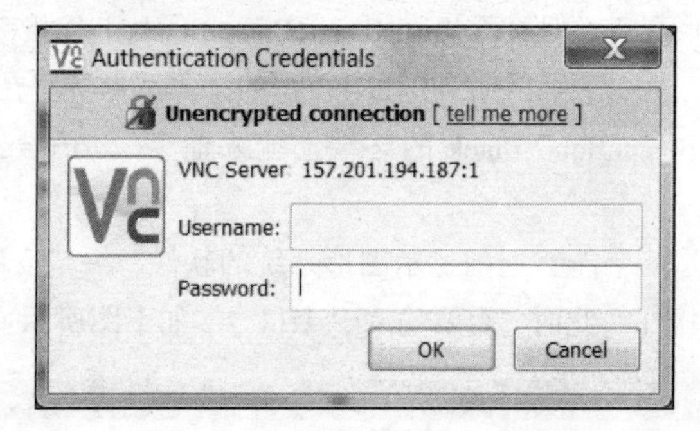


输入刚才运行 vncserver 时输入的口令，就可以看到 BeagleBone Black 的图形界面，如下图所示：

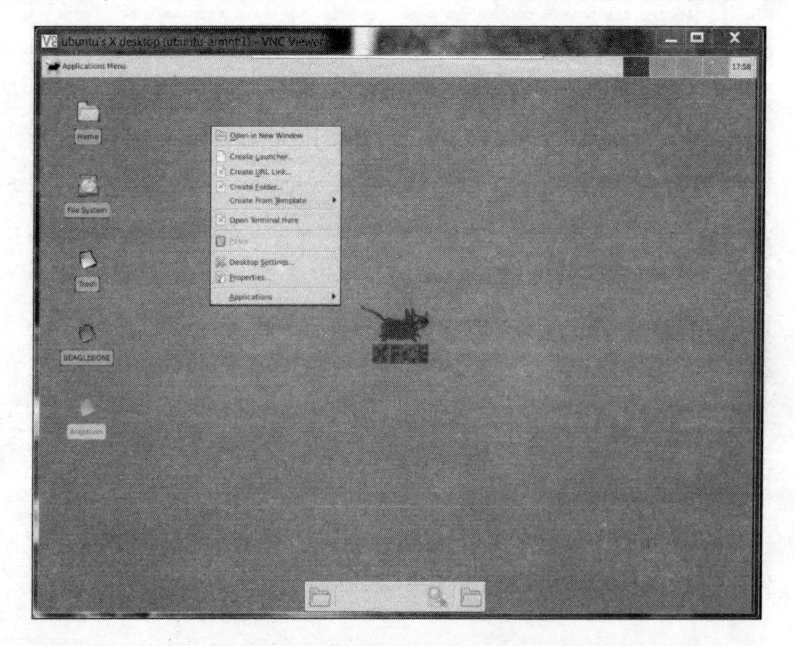

现在就可以完全访问 BeagleBone Black 了。当然，如果图形操作比较复杂的话，那么响应会有些慢，在后面的操作中就会体会到这一点。

可以在 BeagleBone Black 上让 vncserver 自动启动，但是我没有使用这种方式，而是选择在 SSH 终端中输入 `vncserver` 命令的方式。这样做的好处是可以只运行需要的软件，更重要的是，这将降低安全方面的威胁。如果每次启动都希望启动 vncserver，可以找到很多网站介绍如何配置，如 http://www.havetheknowhow.com/Configure-the-server/Run-VNC-on-boot.html。只要在第一次启动 vncserver 时输入口令，然后该口令就会被记住。此时，不需要通过 `startx` 命令启动 Xfce 图形系统，因为可以在 VNC viewer 上直接显示图形系统。

vncserver 软件在 Linux 系统上也有。

我在 Windows 系统上使用的最后一个软件是免费的 WinSCP。如果要下载并安装该软件，只要通过搜索引擎搜索 WinSCP 即可。一旦安装完毕，并运行该软件，得到有如下的对话框：

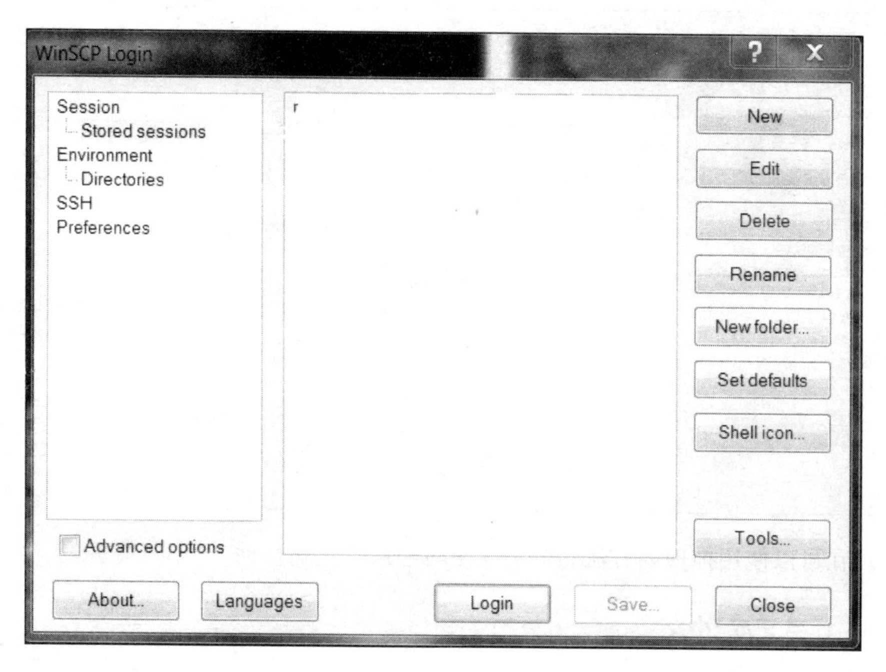


单击 New 按钮，就会看到：

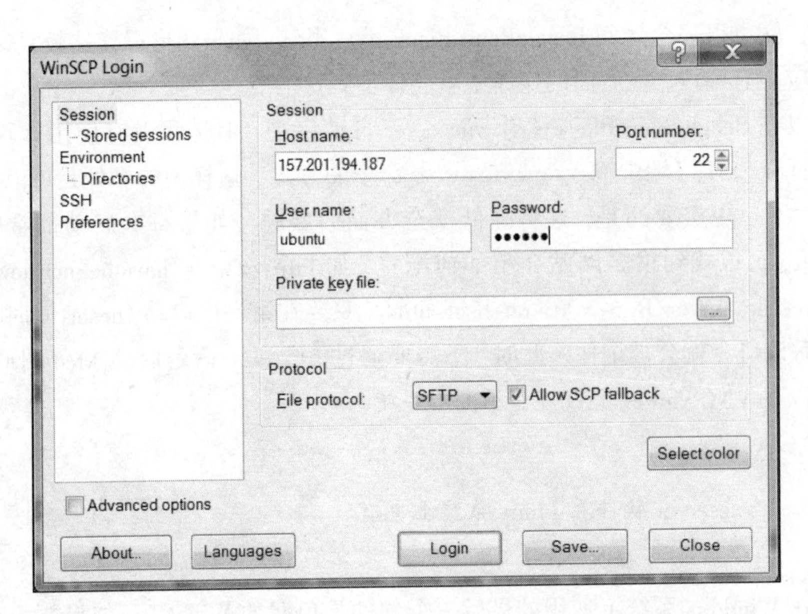


在 Host name 栏输入主机的 IP 地址，并输入用户名 ubuntu，以及 BeagleBone Black 的登录口令(注意不是 vncserver 的口令)。单击 Login 按钮，便可以看到：

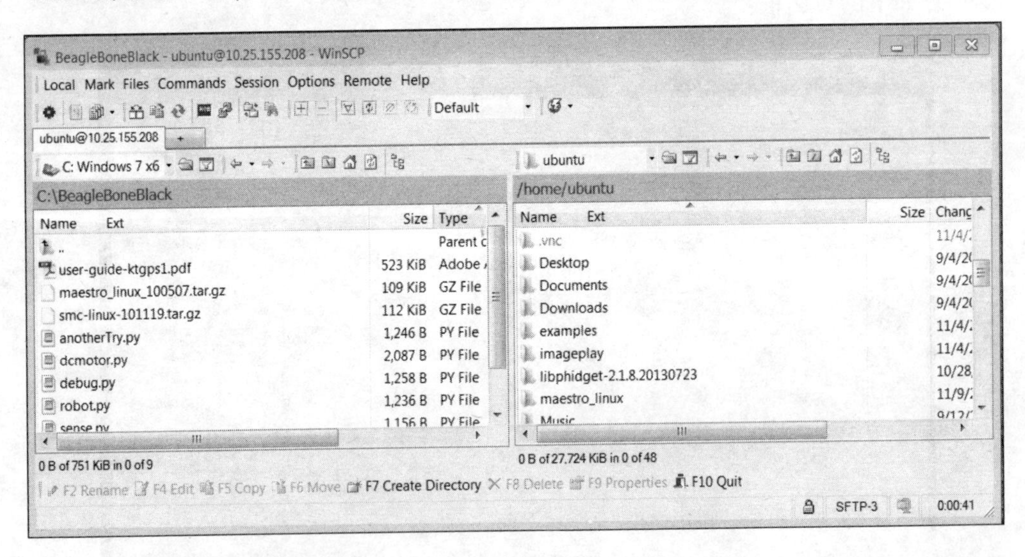


现在可以使用拖拽的方法，将文件在两个系统之间移动。

### 1.6.3 任务完成-小结

一旦完成上述步骤，就可以远程访问 BeagleBone Black 了，无须连接显示器、键盘和鼠标。现在 BeagleBone Black 开发板的状态如下图所示：

此时，只需要连上局域网，然后接上电源。如果需要输入简单的命令，可以通过 SSH。如果需要一个全功能的图形系统，则可以使用 vncserver。最后，如果使用 Windows 系统，并希望将文件在 Windows 系统和 BeagleBone Black 之间进行交换，那么可以使用 WinSCP。

### 1.6.4 补充信息

远程访问 BeagleBone Black 的一个挑战是需要提前知道开发板的 IP 地址。如果开发板连接了键盘和显示器，则可以通过运行 `ifconfig` 命令获取 IP 地址。但是在很多情况下，无法得到 IP 地址信息。不过，有一种方法可以获取开发板的 IP 地址，即使用 `ipscanner` 程序。有很多免费的版本，使用方法非常简单。这样可以获得开发板的 IP 地址信息，而无须输入 `ifconfig` 命令。在 Linux 环境下，也可以使用 nmap 软件。

## 1.7 任务完成

恭喜！你完成了第一阶段的旅程。BeagleBone Black 开发板已经启动并成功运行，硬件是可用的。现在可以准备连接各种有趣的外部设备了。有一点非常重要，这个系统不会像 PC 和 Mac 那样稳定。硬件和软件都是全新的，你将会多次使用本章介绍的技术来恢复系统，因为软件可能会导致硬件进入不可恢复的状态。

一般来说，如果只使用 USB 接口，很难对硬件带来物理上的损害。所以，不用担心，但是要记住，从失败中得到的收获要比从成功中得到的收获多得多。

## 1.8 挑战

你的系统已经具备了很多功能。尽情地使用这个系统，并尽力去理解系统已有的功能，以及探索通过增加软件还可以得到什么新的能力。一种可能是，为 BeagleBone Black 添加无线局域网连接，这样就摆脱了网线的束缚。互联网上有很多指南，一个比较好的网址是：http://elinux.org/Beagleboard:BeagleBoneBlack。如果有兴趣，可以按照网页上的指南建立无线通信能力。

记住，USB 接口的供电能力有限，所以要确保使用一个自供电的 USB hub。一般来说，自供电的 USB hub 可以提供大于 1 安的电流。

# 第 2 章

# BeagleBone Black 编程

在开始着手机器人项目之前，先介绍如何对 BeagleBone Black 进行编程。

## 2.1 任务简述

BeagleBone Black 启动并正常运转之后，现在你更希望它能做些什么。这就需要编写自己的程序，或者是编辑修改一个现有的程序。本章将简要介绍如何编辑文件和编程。

### 2.1.1 亮点展示

构建硬件是有趣的，你将会花费很多时间来设计和构建你的机器人，但是如果没有编程，那么机器人就不知道该做些什么。本章介绍编辑文件及编程的概念，以便你可以从容完成本书中的简单程序示例。同时还要了解如何修改已有的软件代码，从而让你的机器人做一些更惊奇的事情。

### 2.1.2 目标

本章中将：

- 介绍一些基本的 Linux 命令，以及如何浏览 BeagleBone Black 文件系统的方法。
- 展示如何在 BeagleBone Black 上创建、编辑和保存文件。
- 学习如何在 BeagleBone Black 上创建和运行 Python 程序。

- 介绍一些 BeagleBone Black 上基本的软件构件。
- 通过展示C++编程语言的特点，帮助对C++代码修改时的理解。

### 2.1.3 任务检查清单

本章将使用第 1 章中的基本配置。为了完成本次任务，你可以连接键盘、鼠标和显示器，也可以通过 vncserver 或者 SSH 远程登录 BeagleBone Black。几种方法都可以。

## 2.2 基本的 Linux 命令以及浏览文件系统

在完成第 1 章之后，你已经有了一个可用的 BeagleBone Black 开发板，运行着 Ubuntu Linux 系统。我们选择 Ubuntu 系统是因为它是最流行的发行版之一，而且支持大量的硬件和软件。将要使用的命令在其他的 Linux 发行版上也可以使用，但是这里我们只使用 Ubuntu。

### 2.2.1 任务准备

BeagleBone Black 加电后使用正确的用户名和口令登录。如果是远程登录，首先要建立一个网络连接，然后才能登录。现在我们对 Linux 进行一个快速的学习。不过不是全面的，只是学习一些基本的命令。

### 2.2.2 任务执行

一旦登录成功，可以看到一个终端窗口。如果通过键盘、鼠标和显示器，或者是 vncserver，则可以在左上角的 Application Menu 选项栏选择 Terminal Emulator，从而启动一个终端，如下图所示：

**下载样例代码和彩色图片**

可以通过访问 http://www. huaxin. com. cn 获取本书的样例代码和彩色图片。也可以通过访问 http://www. packtpub. com/support 网页得到这些文件。

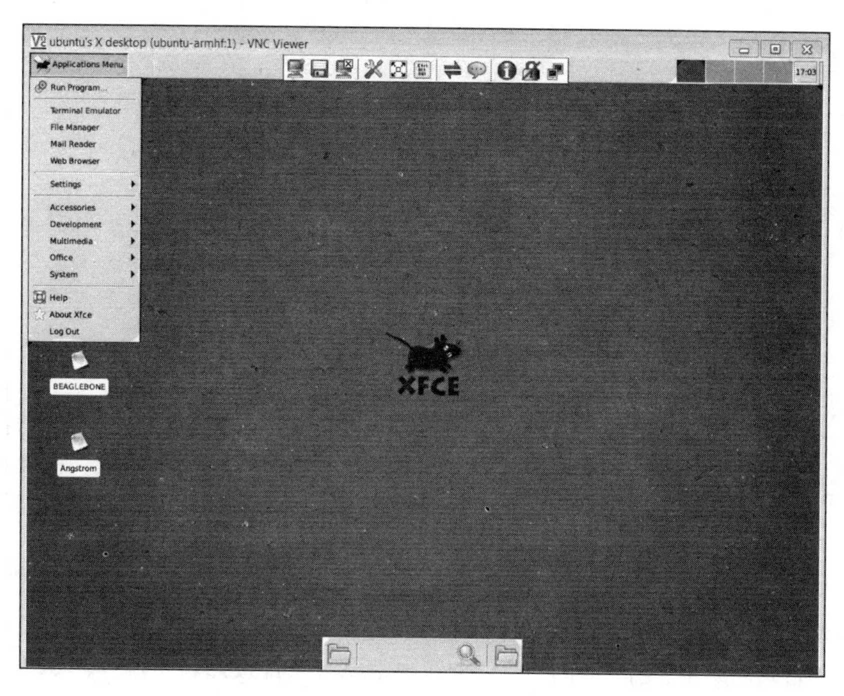


如果你是用 PuTTY 软件进行 SSH 登录，那么就会出现一个终端模拟器窗口，如下图所示：

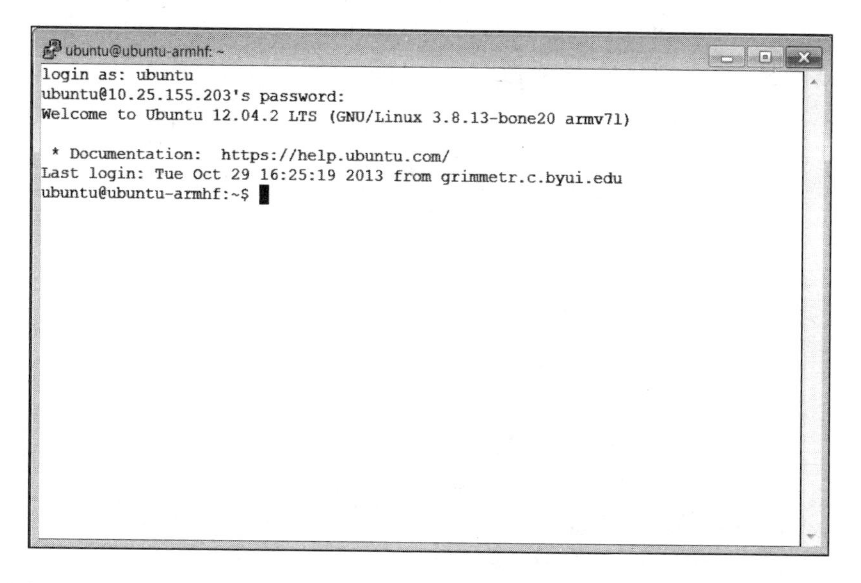


光标位于命令行提示符位置。不同于微软的 Windows 系统，或者是苹果的系统，大多数工作都是通过输入命令的方式完成的。所以，我们一起来练习一下。首先，输入 `ll`，可以看到：

```
ubuntu@ubuntu-armhf: ~
-rw-------  1 ubuntu ubuntu  106 Oct 29 17:02 .Xauthority
-rw-------  1 ubuntu ubuntu  128 Oct 29 17:06 .bash_history
-rw-r--r--  1 ubuntu ubuntu  220 Apr  3  2012 .bash_logout
-rw-r--r--  1 ubuntu ubuntu 3486 Apr  3  2012 .bashrc
drwx------  3 ubuntu ubuntu 4096 Oct 29 17:02 .cache/
drwx------  5 ubuntu ubuntu 4096 Oct 29 17:02 .config/
drwx------  3 ubuntu ubuntu 4096 Oct 29 17:02 .dbus/
-rw-r--r--  1 ubuntu ubuntu 3764 May  8 00:23 .dircolors
drwxr-xr-x  2 ubuntu ubuntu 4096 Oct 29 17:02 .fontconfig/
drwxrwxr-x  2 ubuntu ubuntu 4096 Oct 29 17:02 .gstreamer-0.10/
drwx------  2 ubuntu ubuntu 4096 Oct 29 17:02 .gvfs/
drwxrwxr-x  3 ubuntu ubuntu 4096 Oct 29 17:02 .local/
-rw-r--r--  1 ubuntu ubuntu  675 Apr  3  2012 .profile
drwx------  2 ubuntu ubuntu 4096 Oct 29 17:02 .vnc/
-rw-------  1 ubuntu ubuntu 2784 Oct 29 17:08 .xsession-errors
drwxr-xr-x  2 ubuntu ubuntu 4096 Oct 29 17:02 Desktop/
drwxr-xr-x  2 ubuntu ubuntu 4096 Oct 29 17:02 Documents/
drwxr-xr-x  2 ubuntu ubuntu 4096 Oct 29 17:02 Downloads/
drwxr-xr-x  2 ubuntu ubuntu 4096 Oct 29 17:02 Music/
drwxr-xr-x  2 ubuntu ubuntu 4096 Oct 29 17:02 Pictures/
drwxr-xr-x  2 ubuntu ubuntu 4096 Oct 29 17:02 Public/
drwxr-xr-x  2 ubuntu ubuntu 4096 Oct 29 17:02 Templates/
drwxr-xr-x  2 ubuntu ubuntu 4096 Oct 29 17:02 Videos/
ubuntu@ubuntu-armhf:~$
```

Linux 中的 `ll` 命令相当于列表命令 `ls` 跟上 `-l` 参数，可以列出当前目录下所有的文件和目录的属主、创建时间，及各种权限信息。文件按照名字排列，可以通过颜色与开头的 `d` 字母判断出哪些是目录。在上图中，`Videos` 就是一个目录。Ubuntu 默认的安装没有目录①。安装 Xfce 图形系统管理器后，将创建 `Desktop`，`Documents`，`Downloads`，`Music`，`Pictures`，`Public`，`Templates` 及 `Videos` 目录。

可以使用 `cd`(改变目录)命令改变当前目录位置。例如，如果希望查看 `Videos` 目录下的内容，输入 `cd./Videos` 命令，然后输入 `ll` 命令，就可以看到：

```
ubuntu@ubuntu-armhf: ~/Videos
drwx------  5 ubuntu ubuntu 4096 Oct 29 17:02 .config/
drwx------  3 ubuntu ubuntu 4096 Oct 29 17:02 .dbus/
-rw-r--r--  1 ubuntu ubuntu 3764 May  8 00:23 .dircolors
drwxr-xr-x  2 ubuntu ubuntu 4096 Oct 29 17:02 .fontconfig/
drwxrwxr-x  2 ubuntu ubuntu 4096 Oct 29 17:02 .gstreamer-0.10/
drwx------  2 ubuntu ubuntu 4096 Oct 29 17:02 .gvfs/
drwxrwxr-x  3 ubuntu ubuntu 4096 Oct 29 17:02 .local/
-rw-r--r--  1 ubuntu ubuntu  675 Apr  3  2012 .profile
drwx------  2 ubuntu ubuntu 4096 Oct 29 17:02 .vnc/
-rw-------  1 ubuntu ubuntu 2784 Oct 29 17:08 .xsession-errors
drwxr-xr-x  2 ubuntu ubuntu 4096 Oct 29 17:02 Desktop/
drwxr-xr-x  2 ubuntu ubuntu 4096 Oct 29 17:02 Documents/
drwxr-xr-x  2 ubuntu ubuntu 4096 Oct 29 17:02 Downloads/
drwxr-xr-x  2 ubuntu ubuntu 4096 Oct 29 17:02 Music/
drwxr-xr-x  2 ubuntu ubuntu 4096 Oct 29 17:02 Pictures/
drwxr-xr-x  2 ubuntu ubuntu 4096 Oct 29 17:02 Public/
drwxr-xr-x  2 ubuntu ubuntu 4096 Oct 29 17:02 Templates/
drwxr-xr-x  2 ubuntu ubuntu 4096 Oct 29 17:02 Videos/
ubuntu@ubuntu-armhf:~$ cd ./Videos
ubuntu@ubuntu-armhf:~/Videos$ ll
total 8
drwxr-xr-x  2 ubuntu ubuntu 4096 Oct 29 17:02 ./
drwxr-xr-x 18 ubuntu ubuntu 4096 Oct 29 17:06 ../
ubuntu@ubuntu-armhf:~/Videos$
```

① 指的是当前用户的 home 目录下。——译者注

除了一对默认的目录，该目录是空的。需要提醒的是，在使用命令 cd./Videos 时，其实使用了快捷方式，就是当前目录的快捷方式。实际上可以输入完整的命令：cd/home/Ubuntu/Videos，也能达到同样的效果，因为当前位于/home/Ubuntu目录下，该目录是登录后进入的默认目录。

如果希望查看当前所在的目录，输入 pwd 命令(print working directory)，可看到：

```
ubuntu@ubuntu-armhf: ~/Videos
-rw-r--r--  1 ubuntu ubuntu 3764 May  8 00:23 .dircolors
drwxr-xr-x  2 ubuntu ubuntu 4096 Oct 29 17:02 .fontconfig/
drwxrwxr-x  2 ubuntu ubuntu 4096 Oct 29 17:02 .gstreamer-0.10/
drwx------  2 ubuntu ubuntu 4096 Oct 29 17:02 .gvfs/
drwxrwxr-x  3 ubuntu ubuntu 4096 Oct 29 17:02 .local/
-rw-r--r--  1 ubuntu ubuntu  675 Apr  3  2012 .profile
drwx------  2 ubuntu ubuntu 4096 Oct 29 17:02 .vnc/
-rw-------  1 ubuntu ubuntu 2784 Oct 29 17:08 .xsession-errors
drwxr-xr-x  2 ubuntu ubuntu 4096 Oct 29 17:02 Desktop/
drwxr-xr-x  2 ubuntu ubuntu 4096 Oct 29 17:02 Documents/
drwxr-xr-x  2 ubuntu ubuntu 4096 Oct 29 17:02 Downloads/
drwxr-xr-x  2 ubuntu ubuntu 4096 Oct 29 17:02 Music/
drwxr-xr-x  2 ubuntu ubuntu 4096 Oct 29 17:02 Pictures/
drwxr-xr-x  2 ubuntu ubuntu 4096 Oct 29 17:02 Public/
drwxr-xr-x  2 ubuntu ubuntu 4096 Oct 29 17:02 Templates/
drwxr-xr-x  2 ubuntu ubuntu 4096 Oct 29 17:02 Videos/
ubuntu@ubuntu-armhf:~$ cd ./Videos
ubuntu@ubuntu-armhf:~/Videos$ ll
total 8
drwxr-xr-x  2 ubuntu ubuntu 4096 Oct 29 17:02 ./
drwxr-xr-x 18 ubuntu ubuntu 4096 Oct 29 17:06 ../
ubuntu@ubuntu-armhf:~/Videos$ pwd
/home/ubuntu/Videos
ubuntu@ubuntu-armhf:~/Videos$
```

命令输出的结果是/home/Ubuntu/Videos。现在，有两种方式可以退回到默认目录。一种是输入 cd..，可以进入父目录。然后输入 pwd 命令，可以看到：

```
ubuntu@ubuntu-armhf: ~
drwx------  2 ubuntu ubuntu 4096 Oct 29 17:02 .gvfs/
drwxrwxr-x  3 ubuntu ubuntu 4096 Oct 29 17:02 .local/
-rw-r--r--  1 ubuntu ubuntu  675 Apr  3  2012 .profile
drwx------  2 ubuntu ubuntu 4096 Oct 29 17:02 .vnc/
-rw-------  1 ubuntu ubuntu 2784 Oct 29 17:08 .xsession-errors
drwxr-xr-x  2 ubuntu ubuntu 4096 Oct 29 17:02 Desktop/
drwxr-xr-x  2 ubuntu ubuntu 4096 Oct 29 17:02 Documents/
drwxr-xr-x  2 ubuntu ubuntu 4096 Oct 29 17:02 Downloads/
drwxr-xr-x  2 ubuntu ubuntu 4096 Oct 29 17:02 Music/
drwxr-xr-x  2 ubuntu ubuntu 4096 Oct 29 17:02 Pictures/
drwxr-xr-x  2 ubuntu ubuntu 4096 Oct 29 17:02 Public/
drwxr-xr-x  2 ubuntu ubuntu 4096 Oct 29 17:02 Templates/
drwxr-xr-x  2 ubuntu ubuntu 4096 Oct 29 17:02 Videos/
ubuntu@ubuntu-armhf:~$ cd ./Videos
ubuntu@ubuntu-armhf:~/Videos$ ll
total 8
drwxr-xr-x  2 ubuntu ubuntu 4096 Oct 29 17:02 ./
drwxr-xr-x 18 ubuntu ubuntu 4096 Oct 29 17:06 ../
ubuntu@ubuntu-armhf:~/Videos$ pwd
/home/ubuntu/Videos
ubuntu@ubuntu-armhf:~/Videos$ cd ..
ubuntu@ubuntu-armhf:~$ pwd
/home/ubuntu
ubuntu@ubuntu-armhf:~$
```

另一种回到home目录的方式是输入命令 cd ~，如果在 Videos 目录执行此命令，然后输入 pwd 命令，将会看到：

```
ubuntu@ubuntu-armhf: ~
drwxr-xr-x  2 ubuntu ubuntu 4096 Oct 29 17:02 .fontconfig/
drwxrwxr-x  2 ubuntu ubuntu 4096 Oct 29 17:02 .gstreamer-0.10/
drwx------  2 ubuntu ubuntu 4096 Oct 29 17:02 .gvfs/
drwxrwxr-x  3 ubuntu ubuntu 4096 Oct 29 17:02 .local/
-rw-r--r--  1 ubuntu ubuntu  675 Apr  3  2012 .profile
drwx------  2 ubuntu ubuntu 4096 Oct 29 17:02 .vnc/
-rw-------  1 ubuntu ubuntu 2784 Oct 29 17:08 .xsession-errors
drwxr-xr-x  2 ubuntu ubuntu 4096 Oct 29 17:02 Desktop/
drwxr-xr-x  2 ubuntu ubuntu 4096 Oct 29 17:02 Documents/
drwxr-xr-x  2 ubuntu ubuntu 4096 Oct 29 17:02 Downloads/
drwxr-xr-x  2 ubuntu ubuntu 4096 Oct 29 17:02 Music/
drwxr-xr-x  2 ubuntu ubuntu 4096 Oct 29 17:02 Pictures/
drwxr-xr-x  2 ubuntu ubuntu 4096 Oct 29 17:02 Public/
drwxr-xr-x  2 ubuntu ubuntu 4096 Oct 29 17:02 Templates/
drwxr-xr-x  2 ubuntu ubuntu 4096 Oct 29 17:02 Videos/
ubuntu@ubuntu-armhf:~$ cd ./Videos
ubuntu@ubuntu-armhf:~/Videos$ ll
total 8
drwxr-xr-x  2 ubuntu ubuntu 4096 Oct 29 17:02 ./
drwxr-xr-x 18 ubuntu ubuntu 4096 Oct 29 17:06 ../
ubuntu@ubuntu-armhf:~/Videos$ cd ~
ubuntu@ubuntu-armhf:~$ pwd
/home/ubuntu
ubuntu@ubuntu-armhf:~$
```

同样可以使用 cd-命令，这将回到最近访问的目录。另外一种访问特定文件的方法是使用完整的路径。按照这种方式，如果希望从文件系统中的任意位置进入 /home/Ubuntu/Video 目录，只需简单地输入 cd/home/Ubuntu/Video 就可以进入该目录。

在为机器人编程时，还有许多其他常用的 Linux 命令。下表中列出了很多有用的命令：

| 命令 | 说明 |
|---|---|
| ll | 长格式：列出当前目录下所有的文件和目录。包括创建时间、权限、属主等属性 |
| ls | 短格式：列出当前目录下所有文件和目录的名字 |
| rm 文件名 | 删除文件 |
| mv 文件名1 文件名2 | 文件名重命名 |
| cp 文件名1 文件名2 | 文件复制 |
| mkdir 目录名 | 在当前目录下建立新目录 |
| cat 文件名 | 显示文件内容，可跟上\|less 分页显示(空格键换页) |
| clear | 清空当前终端窗口内容 |
| sudo | 以超级用户身份执行后面跟着的命令。本书中，执行命令或运行软件时如果出现命令找不到，或者未授权等信息，可以在前面加上 sudo 再尝试执行一次 |

### 2.2.3 任务完成-小结

至此，你可以玩转 BeagleBone Black 上的 Ubuntu 系统了，并能看到所有的文件。不过小心一点，Linux 可不像 Windows，在删除文件或者覆盖文件的时候不会提醒你。

## 2.3 在 BeagleBone Black 上创建、编辑和保存文件

现在你可以登录系统，并能自由地在目录之间切换，下面可以编辑文件了。为此，需要使用编辑器。如果熟悉微软的 Windows 系统，那么你可能用过微软写字板、Wordpad 或者 Word 这样的软件，但在 Linux 上没有这些软件。不过有很多其他的选择，而且都是免费的。下面将向你展示如何使用 Emacs 编辑器。其他的编辑器有 nano，vi，vim 和 gedit。程序员对于使用哪种编辑器有很强的倾向性，所以如果你有自己喜欢的编辑器，可以略过此节。

### 2.3.1 任务准备

如果希望使用 Emacs，那么可以通过输入 `sudo apt-get install emacs` 来下载并安装 Emacs。

### 2.3.2 任务执行

一旦安装完毕，可以通过 `emacs filename` 命令运行 Emacs，filename 是希望编辑文件的名字。如果该文件不存在，那么 Emacs 会创建该文件。下面是在输入 `emacs example.py` 命令后出现的界面：

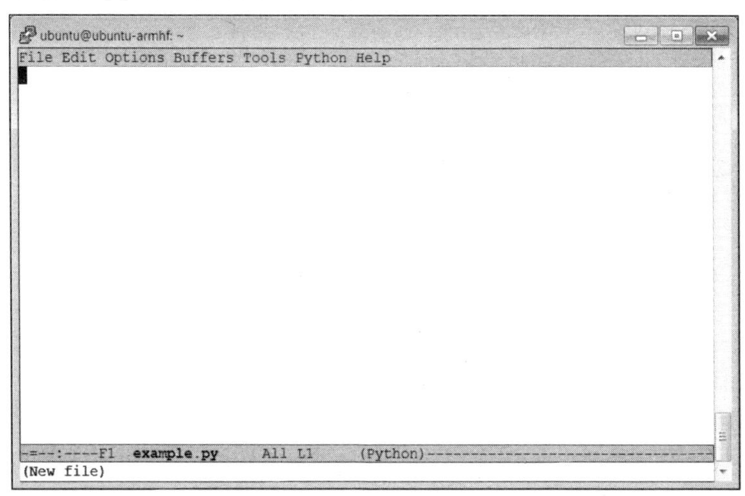

注意，不同于 Windows 系统，Linux 系统不会自动使用文件扩展名，这是由用户来确定的。注意 Emacs 的左下角有提示，已经打开一个新的文件。此刻，如果你有显示器、键盘和鼠标，或者通过 vncserver 的方式，那么在 Xfce 下使用 Emacs，也可以使用鼠标，类似于在 Windows 系统中。

然而，如果通过 SSH 使用 Emacs，就无法使用鼠标，所以只能使用光标在文件中移动。此时需要使用一些键盘命令来执行保存文件，或者是其他一些原来需要使用鼠标完成的操作。例如，保存文件使用 Ctrl + X，然后跟上 Ctrl + S 命令，就可以使用当前的文件名保存文件。如果要退出 Emacs，则使用 Ctrl + X，然后跟上 Ctrl + C 命令，这样可以停止 Emacs，并回到命令行。以下是一些 Emacs 常用的快捷键：

| 快捷键 | 说明 |
| --- | --- |
| Ctrl + X 和 Ctrl + S | 保存当前文件 |
| Ctrl + X 和 Ctrl + C | 退出 Emacs，回到命令行 |
| Ctrl + K | 删除当前行 |
| Ctrl + U | 撤销当前操作 |
| 鼠标左键：字符选择<br>光标处：鼠标右键 | 剪切与粘贴：如果使用鼠标左键选中了希望粘贴的字符，然后单击鼠标右键，选中的代码将被粘贴到当前位置 |

### 2.3.3 任务完成-小结

至此已具备了编辑文件的能力，下一节将介绍如何创建程序。

## 2.4 在 BeagleBone Black 上创建并运行 Python 程序

现在已经能够编辑文件了，接着就可以开始在 BeagleBone Black 上编写程序，用来控制机器人。

### 2.4.1 任务准备

首先需要选择一种语言。有很多种语言可用，如 C、C ++、Java、Python、Perl 等。基于两个因素这里介绍 Python 语言。首先，Python 是一种非常易用的语言；其次，在机器人世界中，很多开源的软件都是基于 Python 实现的。本章中也会涉及一些 C 语言，因为有些功能采用了 C 语言。但是，从 Python 开始上手更有意义。为了完成本章中的样例代码，需要安装 Python 解释器。庆幸的是，Ubuntu 的基本系统中已经安装了 Python 语言环境，所以就可以立刻开始使用 Python 语言。

这里只会涉猎一些非常基本的概念。如果你是编程的新手，有很多网站提供交互式的指南。如果希望练习一些关于 Python 语言的基本编程概念，可以访问 www.codeacademy.com 或者 http://www.learnpython.org/网站。同样，还有很多非常优秀的书籍，例如 A Byte of Python。

### 2.4.2 任务执行

本节将介绍如何编写并运行 Python 程序。Python 是一种交互式的语言，所以，可以启动 Python 解释器，然后每次输入一条 Python 命令。不过，如果希望创建 Python 程序，需要使用 Emacs 编辑器输入代码，然后使用 Python 解释器运行该程序。

输入 emacs example.py 命令，打开样例代码。现在，输入 5 行代码，如下图所示：

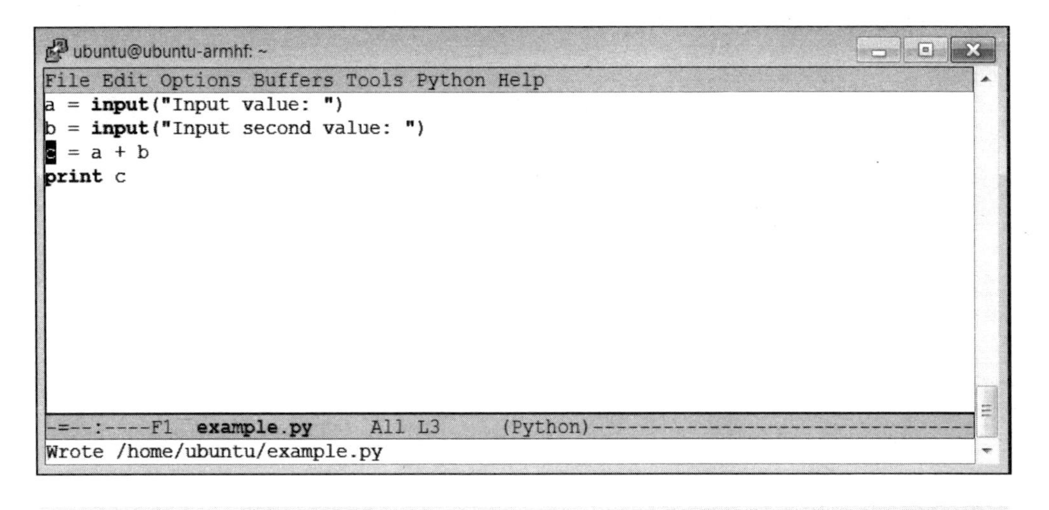

注意：你看到的代码可能是彩色的，不过为了看得更清楚，这里关闭了颜色。

下面来解读一下代码：

1. a = input("Input Value:")：程序的一个基本能力就是能够获取用户的输入。raw_intput 可以完成该功能。数据由用户输入，并被保存到变量 a 中。输入提示 Input Value:会向用户显示。

2. b = input("Input second value:")：用户输入数据，被存放在变量 b 中。输入提示 Input second value:会向用户显示。
3. c = a + b：将变量 a 与变量 b 相加，结果赋给变量 c。
4. print c：程序的另一个基本功能就是能够输出结果。print 命令将变量 c 的数值打印到屏幕。

一旦创建了该程序，保存(使用 Ctrl + X 和 Ctrl + S)，退出 Emacs(使用 Ctrl + X 和 Ctrl + C)。在命令行运行该程序：python example.py。可以看到：

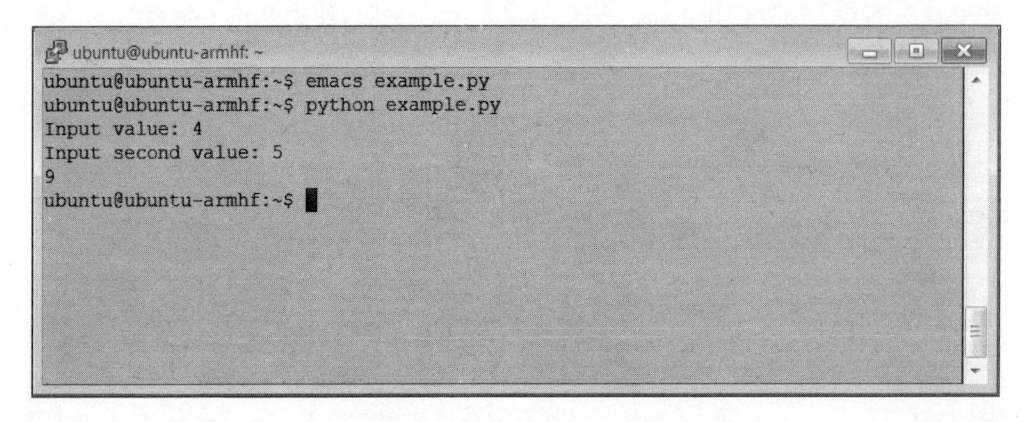


也可以直接运行该程序，而不需要使用“python 文件名”的方式，这需要在代码中增加一行，如下图所示：

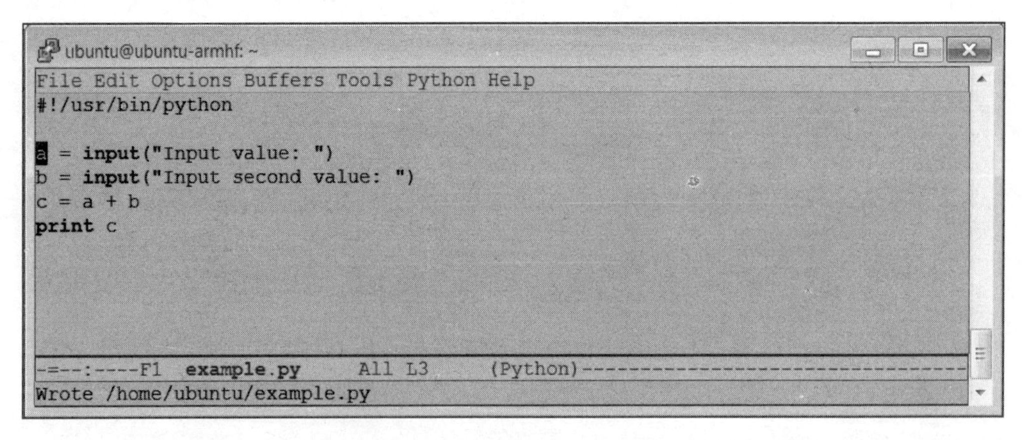


在第一行增加#! /usr/bin/python 可以让这个程序具有直接运行的能力。保存文件后退出 Emacs，然后输入命令 chmod + x example.py，改变该文件的执行权限。现在可以简单地输入./example.py 来执行该程序，如下图所示：

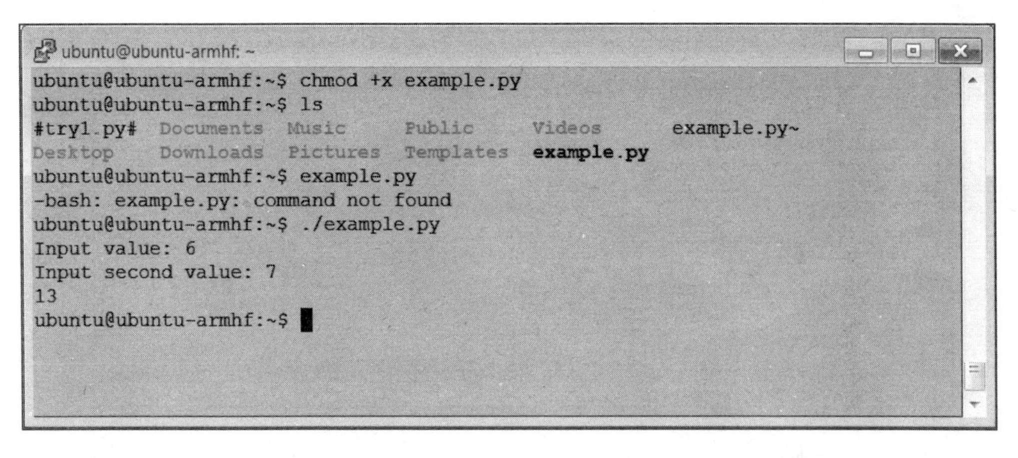


注意，如果只是输入 `example.py`，系统会提示找不到该可执行文件。因为该文件还没有注册到系统中，所以需要提供执行的路径：`./`。

### 2.4.3 任务完成-小结

现在已经知道了如何编辑，输入，以及运行简单的 Python 程序，接下来让我们来看一些基本的程序结构。

## 2.5 BeagleBone Black 上基本的程序结构

现在你已经学会了如何在 BeagleBone Black 上输入和运行简单的 Python 程序，下面我们来看看更复杂的编程结构。本节将介绍分支结构与循环结构，还会介绍如何在 Python 代码中使用库，如何编写函数。最后，还会简要地介绍面向对象的代码结构。

### 2.5.1 任务准备

与前面相同，一旦有了基本的系统和 Emacs，就可以开始编程了。

### 2.5.2 任务执行

程序的执行都是从第一条语句开始，然后一直执行到没有语句为止。这是没问题的，但是如果需要根据条件判断的结果走向不同的分支，该如何去实现？在 Python 中可以使用 `if` 语句。下面给出一些样例代码：

```
ubuntu@ubuntu-armhf: ~
File Edit Options Buffers Tools Python Help
#!/usr/bin/python

a = input("Input value: ")
b = input("Input second value: ")
if a > b:
    c = a - b
else:
    c = b - a
print c




-=--:----F1  example.py     All L8     (Python)---------------------------
Wrote /home/ubuntu/example.py
```

逐行解释代码:

1. #! /usr/bin/python：可以让程序具有直接执行的能力。
2. a = input("Input value:")：程序的一个基本功能就是能够获取用户的输入。raw_intput 可以完成该功能。数据由用户输入，并被保存到变量 a 中。输入提示 Input value：会向用户显示。
3. b = input("Input second value:")：用户输入数据，被存放在变量 b 中。输入提示 Input second value：会向用户显示。
4. if a > b:：这就是 if 语句。表达式 a > b 被判断，如果为真，那么程序将执行下一条语句。如果为假，程序将跳过下一条语句，执行 c = a - b。
5. else:：else 语句与 if 语句配对，如果 if 的表达式为假，那么 else 语句将被执行，即 c = b - a。
6. print c：程序的另一个基本功能就是能够输出结果。print 命令将变量 c 的数值打印到屏幕。

可以多次运行该程序，检查 if 语句的两个分支的执行效果。

```
ubuntu@ubuntu-armhf: ~
ubuntu@ubuntu-armhf:~$ ./example.py
Input value: 4
Input second value: 3
1
ubuntu@ubuntu-armhf:~$ ./example.py
Input value: 3
Input second value: 5
2
ubuntu@ubuntu-armhf:~$ 
```

另一个有用的程序结构是 while 语句，可以循环地执行一系列的语句，直到特定条件满足为止。下面是一些样例代码：

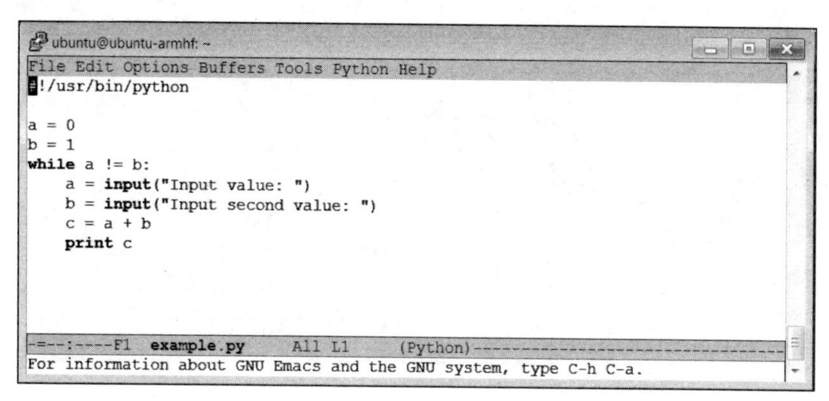


逐行解释代码：

1. #! /usr/bin/python：可以让程序具有直接执行的能力。
2. a =0：变量 a 赋初值 0。
3. b =1：变量 b 赋初值 1。
4. while a ! =b:：表达式 a! =b(! =表示不等于)被检查，如果为真，则对齐的语句将被执行。如果为假，程序将跳转到对齐语句之后执行。
5. a = input("Input value:")：程序的一个基本能力就是能够获取用户的输入。raw_intput 可以完成该功能。数据由用户输入，并被保存到变量 a 中。输入提示 Input value:会向用户显示。
6. b = input("Input second value:")：用户输入数据，被存放在变量 b 中。输入提示 Input second value:会向用户显示。
7. c = a + b：计算 c = a + b。
8. print c：print 命令将变量 c 的数值打印到屏幕。

现在可以执行该程序了，注意到如果变量 a 和 b 输入相同的数值，那么程序将会结束运行。

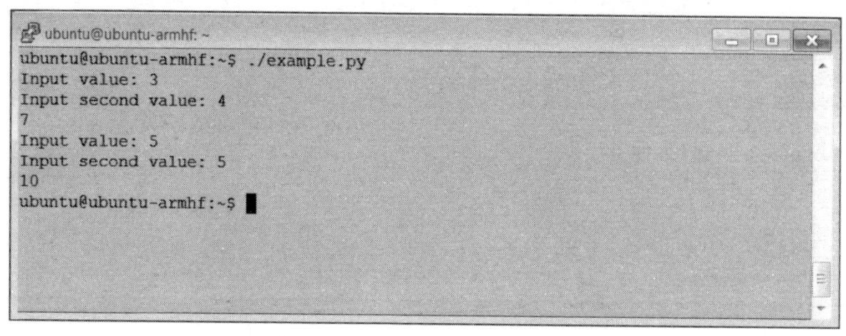

下一个概念是如何将一些语句构造成函数。下面是相关代码：

```
ubuntu@ubuntu-armhf: ~
File Edit Options Buffers Tools Python Help
#!/usr/bin/python

def sum(a, b):
    c = a + b
    return c

if __name__=="__main__":
    d = input("Input value: ")
    e = input("Input second value: ")
    f = sum(d, e)
    print f

-=--:----F1  example.py     All L10    (Python)----------------------------
Wrote /home/ubuntu/example.py
```

逐行解释代码：

1. #! /usr/bin/python：可以让程序具有直接执行的能力。
2. def sum(a, b):：定义函数名称为 sum，有两个参数，a 和 b。
3. c = a + b：计算 c = a + b。
4. return c：函数返回。
5. if __ name __ = = "__ main __"::不希望从第一行开始执行代码，而是要从这个位置开始执行。这条语句就是指定程序的执行入口。
6. d = input(“Input value: ”)：数据由用户输入，并被保存到变量 d 中。输入提示 Input value:会向用户显示。
7. e = input(“Input second value: “)：用户输入数据，被存放在变量 e 中。输入提示 Input second value:会向用户显示。
8. f = sum(d, e)：调用 sum 函数。变量 d 和 e 的数值分别被传递到 sum 函数中的变量 a 和 b 中。然后程序进入并执行 sum 函数，返回值存放到变量 f 中。
9. print f：print 命令将变量 f 的数值打印到屏幕。

下图所示为程序执行的结果：

```
ubuntu@ubuntu-armhf: ~
ubuntu@ubuntu-armhf:~$ ./example.py
Input value: 4
Input second value: 2
6
ubuntu@ubuntu-armhf:~$ 
```

下一个主题介绍如何在程序中使用库函数。库中包括了他人创建好的各种功能，可以加入到自己的程序中。只要函数存在，并且系统知道其路径，那么就可以包含该库。所以，对代码进行如下修改：

```
ubuntu@ubuntu-armhf: ~
File Edit Options Buffers Tools Python Help
#!/usr/bin/python

import time

if __name__=="__main__":
    d = input("Input value: ")
    time.sleep(1)
    e = input("Input second value: ")
    f = d + e
    print f

-=--:----F1  example.py      All L4      (Python)----------------------------------
Wrote /home/ubuntu/example.py
```

逐行解释代码：

1. #! /usr/bin/python：可以让程序具有直接执行的能力。
2. import time：引入时间库。时间库中包含有暂停数秒的函数。
3. if __name__=="__main__":：不希望从第一行开始执行代码，而是要从这个位置开始执行。这条语句就是指定程序的执行入口。
4. d = input("Input value: ")：数据由用户输入，并被保存到变量 d 中。输入提示 Input value:会向用户显示。
5. time.sleep(1)：调用时间库中的 sleep 函数，产生 1 秒的时延。
6. e = input("Input second value: ")：数据由用户输入，并被保存到变量 e 中。输入提示 Input value:会向用户显示。
7. f = d + e：计算 f = d + e。
8. print f：print 命令将变量 f 的数值打印到屏幕。

结果如下图所示：

```
ubuntu@ubuntu-armhf: ~
ubuntu@ubuntu-armhf:~$ ./example.py
Input value: 3
Input second value: 2
5
ubuntu@ubuntu-armhf:~$
```

与前面的结果一致，只不过在输入第一个数值和第二个数值之间会有一个时延。

最后一个需要学习的内容是面向对象的结构。在面向对象的编程中，我们将一系列相关的函数组织成一个对象。例如，如果有一些相关的函数，可以将它们都放置在同一个类中，然后通过类来访问这些函数。面向对象的编程有些难度，且比较复杂，所以先从一个简单的例子开始。

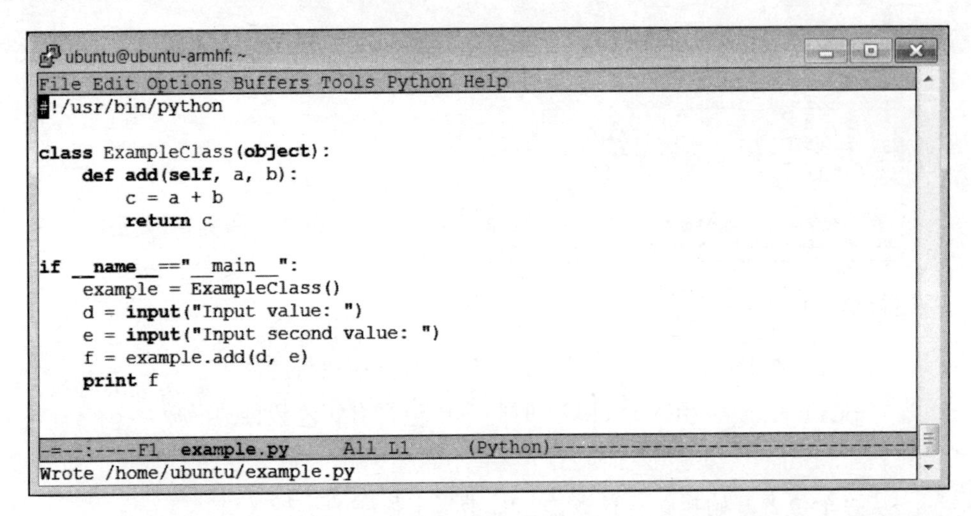


逐行解释代码：

1. #! /usr/bin/python：可以让程序具有直接执行的能力。
2. class ExampleClass(object):：定义 ExampleClass 类，内部可以关联多个函数。
3. def add(self, a, b):：定义 ExampleClass 类中的函数 add。不同的类中可以有同样的函数名。add 函数有两个参数，a 和 b。
4. c = a + b：两个数值相加。
5. return c：返回结果 c。
6. if __name__ == "__main__":：不希望从第一行开始执行代码，而是要从这个位置开始执行。这条语句就是指定程序的执行入口。
7. example = ExampleClass()：定义对象 example，类型为 ExampleClass。可以通过 example 访问 ExampleClass 类中所有的函数和变量。
8. d = input("Input value: ")：数据由用户输入，并被保存到变量 d 中。输入提示 Input value:会向用户显示。
9. e = input("Input second value: ")：数据由用户输入，并被保存到变

量 e 中。输入提示 Input Value:会向用户显示。

10. f = example.add(d,e): ExampleClass 的实例 example 对象被调用，执行内部函数 add，传递了参数 d 和 e，结果返回到变量 f 中。
11. print f: print 命令将变量 f 的数值打印到屏幕。

结果如下图所示：

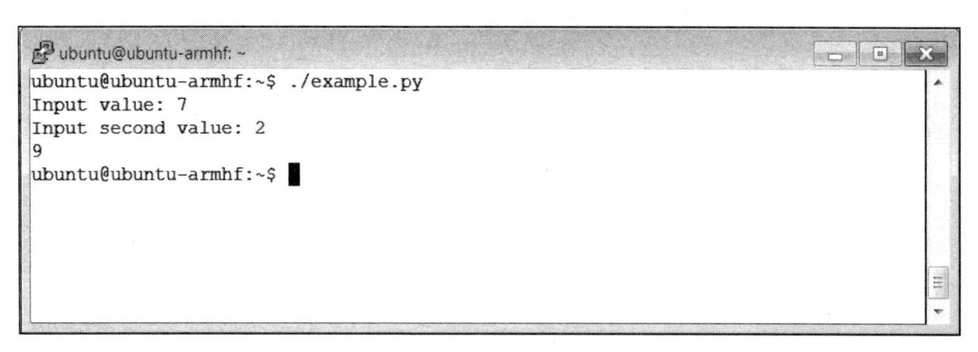


结果与前面的一致，功能上没有区别。但是，面向对象的技术将多个函数组织在一起，使得代码更易维护。当代码的体积变大时，其他程序员复用你的代码也会更加容易。

### 2.5.3 任务完成-小结

现在已经对 Python 编程有了初步的体验，下面将简要介绍C++编程语言。

## 2.6 C++语言介绍

前面介绍了 Python 简单的编程，还需要花一点时间讨论更为复杂但是功能更加强大的C++语言。C++语言是 Linux 的原生语言[①]，已经诞生了很多年，但是仍然被软件开发者广泛地使用。C++类似于 Python，但是也有不同之处。因为你需要理解并能够修改C++代码，所以必须要熟悉C++语言的用法。

### 2.6.1 任务准备

就像学习 Python 一样，首先需要了解该语言的能力。建立在编译器和链接器基础上，将源代码转换成机器码。输入 sudo apt-get install build-essential 命令，安装C++编译系统。

① 应该是 C 语言。——译者注

### 2.6.2 任务执行

工具已经安装就绪，现在我们开始一些简单的例子。先看第一个C++代码例子：

```
ubuntu@ubuntu-armhf: ~
File Edit Options Buffers Tools C++ Help

#include <iostream>

int main()
{
  int a;
  int b;
  int c;

  std::cout << "Input value: ";
  std::cin >> a;
  std::cout << "Input second value: ";
  std::cin >> b;

  c = a + b;

  std::cout << c << std::endl;

  return 0;
}
-=--:----F1  example2.cpp   All L1     (C++/l Abbrev)-------------------------
Wrote /home/ubuntu/example2.cpp
```

逐行解释代码：

1. #include <iostream>：包含该库使得程序具有从键盘输入数据和向屏幕输出信息的能力。
2. int main()：类似于Python，源码中有函数与类的定义，但是我们总是希望从一个特定位置开始执行代码，C++从main函数开始执行。
3. int a;：定义了变量a，类型为整型。C++是强类型语言，意味着必须明确定义变量类型。常见的类型有int-整型，float-浮点型，char-字符型，bool-布尔型。
4. int b;：定义整型变量b。
5. int c;：定义整型变量c。
6. std::cout << "Input value: ";：在屏幕上显示Input value:字符串。
7. std::cin >> a;：用户输入变量a的数值。
8. std::cout << "Input second value:";：在屏幕上显示Input second value:字符串。
9. std::cin >> b;：用户输入变量b的数值。

10. c = a + b;：计算 c = a + b。
11. std::cout << c << std::endl;：cout 命令将 c 的数值显示到屏幕上，endl 输出回车符。
12. return 0;：主函数 main()运行结束，返回 0。

为了运行该程序，首先需要使用编译器将源代码转换成可执行程序。为此，编辑完源代码后，执行 g ++ example2.cpp-o example2 命令。生成的可执行程序为 example2（由 -o 选项指定）。

如果在当前目录下执行 ll 命令，可以看到 example2 文件。

```
ubuntu@ubuntu-armhf: ~
-rw-rw-r--  1 ubuntu ubuntu  553 Oct 29 19:03 .emacs
drwx------  3 ubuntu ubuntu 4096 Oct 29 18:27 .emacs.d/
drwxr-xr-x  2 ubuntu ubuntu 4096 Oct 29 17:02 .fontconfig/
drwx------  2 ubuntu ubuntu 4096 Oct 29 18:28 .gconf/
drwxrwxr-x  2 ubuntu ubuntu 4096 Oct 29 17:02 .gstreamer-0.10/
drwx------  2 ubuntu ubuntu 4096 Oct 29 17:02 .gvfs/
drwxrwxr-x  3 ubuntu ubuntu 4096 Oct 29 17:02 .local/
-rw-r--r--  1 ubuntu ubuntu  675 Apr  3  2012 .profile
drwx------  2 ubuntu ubuntu 4096 Oct 29 17:02 .vnc/
-rw-------  1 ubuntu ubuntu 2784 Oct 29 17:08 .xsession-errors
drwxr-xr-x  2 ubuntu ubuntu 4096 Oct 29 17:02 Desktop/
drwxr-xr-x  2 ubuntu ubuntu 4096 Oct 29 17:02 Documents/
drwxr-xr-x  2 ubuntu ubuntu 4096 Oct 29 17:02 Downloads/
drwxr-xr-x  2 ubuntu ubuntu 4096 Oct 29 17:02 Music/
drwxr-xr-x  2 ubuntu ubuntu 4096 Oct 29 17:02 Pictures/
drwxr-xr-x  2 ubuntu ubuntu 4096 Oct 29 17:02 Public/
drwxr-xr-x  2 ubuntu ubuntu 4096 Oct 29 17:02 Templates/
drwxr-xr-x  2 ubuntu ubuntu 4096 Oct 29 17:02 Videos/
-rwxrwxr-x  1 ubuntu ubuntu  269 Oct 30 15:16 example.py*
-rwxrwxr-x  1 ubuntu ubuntu  269 Oct 30 15:16 example.py~*
-rwxrwxr-x  1 ubuntu ubuntu 8634 Oct 30 17:54 example2*
-rw-rw-r--  1 ubuntu ubuntu  230 Oct 30 17:52 example2.cpp
-rw-rw-r--  1 ubuntu ubuntu  229 Oct 30 17:52 example2.cpp~
ubuntu@ubuntu-armhf:~$
```

如果代码编写有误，编译器会发现问题。例如，如果在变量 a 之前忘记了类型 int，那么编译时会提示错误：

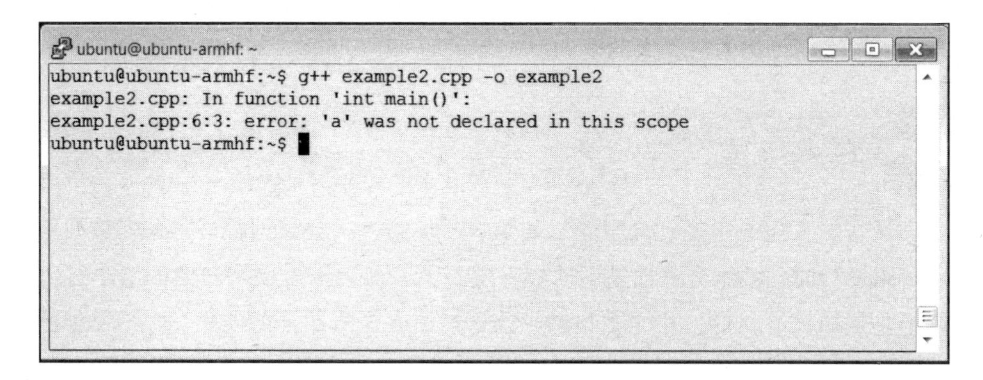
ubuntu@ubuntu-armhf: ~
ubuntu@ubuntu-armhf:~$ g++ example2.cpp -o example2
example2.cpp: In function 'int main()':
example2.cpp:6:3: error: 'a' was not declared in this scope
ubuntu@ubuntu-armhf:~$

错误提示表明问题出现在 int main()函数中，并且告诉你变量 a 没有被成功定义。一旦编译成功，可以执行该程序，输入./example2，可以看到如下所示的结果：

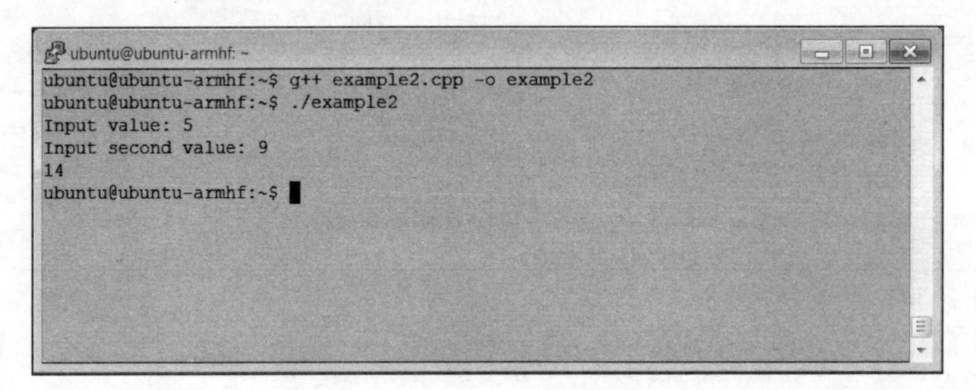


这里就不再像介绍 Python 语言那样重复介绍C++了。互联网上有很多好的指南。例如 http://www.cprogramming.com/tutorial/c-tutorial.html 和 http://thenewboston.org/list.php? cat=14。还有一个需要了解的C++语言开发的特点。刚才所见的编译过程看似非常简单直接，但是，如果将功能分布到多个文件中，或者需要使用库函数，命令行方式执行编译过程会变得复杂。

C++语言的开发环境提供了编译过程自动化的工具——make。为此，需要创建一个叫 makefile 的文本文件，其中定义了需要包含和编译的文件清单。之后，不再需要输入很长的或者是多条编译命令，只需要简单地输入 make，系统就会根据 makefile 定义的规则自动执行所需的编译。这里有一个关于 make 的指南：http://www.cs.colby.edu/maxwell/courses/tutorials/maketutor/，或者 http://mrbook.org/tutorials/make/。

### 2.6.3 任务完成-小结

现在已经具备编辑并创建源代码的技能。在下一章，我们将要学习如何利用这些技能，将代码转化为机器人的能力。

## 2.7 任务完成

尝试新的事物通常是有难度的。如果这是你第一次尝试编程，那么当被要求创建或编辑文件时，可能会感觉到不适应。不过，本书会尽力保持介绍的清晰性。这实际上是使用计算机的一个主要挑战：计算机始终是按照你的要求，而不是你的期望行事。所以，如果遇到问题，那么请多次检查，确保代码与书中例子完全一致。现在，让我们开始真正的编程！

## 2.8 挑战

如果打算开发大量的代码，那就需要安装 IDE，即集成开发环境。这些环境可以让你更容易地去查看、编译和调试程序。在 Linux 世界中最为著名的 IDE 软件是 Eclipse。如果你希望了解更多，请使用 Google 的搜索工具，或者直接访问：http://www.eclipse.org/。

# 第3章 语音输入与输出

现在你的 BeagleBone Black 已经能够运行起来了，你可以利用它完成很多很酷的功能。让我们从话音功能开始吧，这是机器人的一个基本能力。作为一个基础性的项目，本章提供几个例子，分别增加了相应的硬件和软件。所以，做好准备，让我们开始学习在 BeagleBone Black 上处理语音的基础知识。

## 3.1 任务简述

你将要为 BeagleBone Black 开发板添加一个麦克风和一个喇叭，需要为机器人增加识别语音指令，以及通过喇叭进行应答的能力。此外，你还能够发出语音指令，并让机器人进行动作反应。一旦摆脱了手工命令输入的方式，就可以与机器人开启全新的交互方式。为此，需要增加硬件和软件。

### 3.1.1 亮点展示

通过语音而不是手工命令输入的方式与机器人进行交互显然要有趣得多，这样就可以不再使用键盘和鼠标。此外，哪个有自尊心的机器人还会随身携带一个键盘？不，你希望与它以更自然的方式进行交流，本章将会告诉你如何去做。完成语音功能将帮助你找到适合自己的在 BeagleBone Black 开发板上的工作方式，学习如何利用网络上免费提供的功能实现，并且熟悉它们的开发者社群。

### 3.1.2 目标

你的目标是：

- 连接硬件，制作并输入声音。
- 使用 eSpeak，让机器人通过声音进行应答。
- 使用 PocketShpinx 解释你的语音命令。
- 提供解释你的命令的能力，并让机器人发起一个动作。

**下载样例代码和彩色图片**

可以通过访问 http://www. huaxin. com. cn 获取本书的样例代码和彩色图片。也可以通过访问 http://www. packtpub. com/support 网页得到这些文件。

### 3.1.3 任务检查列表

在开始本任务之前，你需要一个可用的 BeagleBone Black 系统，并连接好电源和互联网(参见第 1 章)。此外，还需要一个 USB 麦克风/喇叭适配器。BeagleBone Black 自身不具有音频的输入和输出接口。HDMI 输出支持音频，但是在大多数情况下，并不会使用带有喇叭的视频显示器。

你需要三种硬件：

- 一个支持麦克风输入和喇叭输出的 USB 设备(见下图)。

- 一个可以插入上述 USB 设备的麦克风(见下图)。

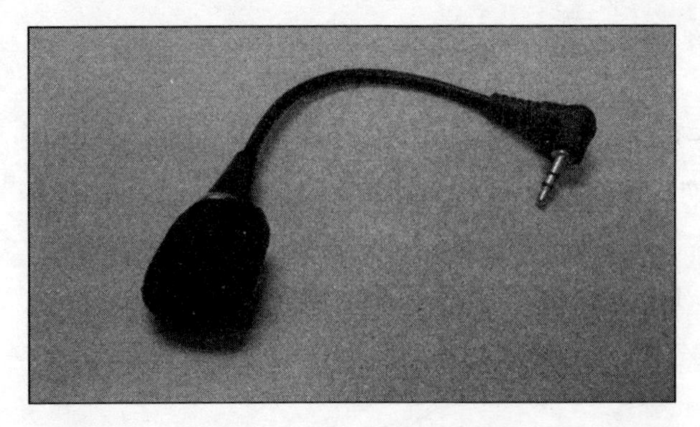

➢ 一个有源的喇叭，可以插入到上述 USB 设备(见下图)。

幸运的是，这些设备非常便宜，并且很容易购买到。确保喇叭是有源的，因为 BeagleBone Black 没有足够的电流来驱动无源喇叭。这个喇叭可以使用内置电池，或者使用一个外置的 USB hub 供电。书中很多地方都需要使用一个可供电的 USB hub，所以这是一个值得的投资。

## 3.2 连接硬件，制作并输入声音

对于本任务，你需要连接硬件，才能够进行录音和播放。

### 3.2.1 任务准备

装配好的 BeagleBone Black，插入以太网网线，连接可供电的 USB hub，插入麦克风/喇叭 USB 设备。同时，也插入喇叭和麦克风。

插入电源，可以采用多种方式执行以下的命令。

如果仍然连接着显示器、键盘和鼠标，那么登录到开发板，使用 `startx` 命令启动 Xfce(图形系统)，然后打开终端窗口。

如果只连接了局域网，则可以通过 SSH 终端完成所有工作。开发板加电后，LED 开始闪烁，就可以使用 PuTTY 或者其他类似的终端软件开启 SSH 终端窗口，使用自己的用户名和口令登录。然后，输入 cat /proc /asound /cards 命令，可以看到：

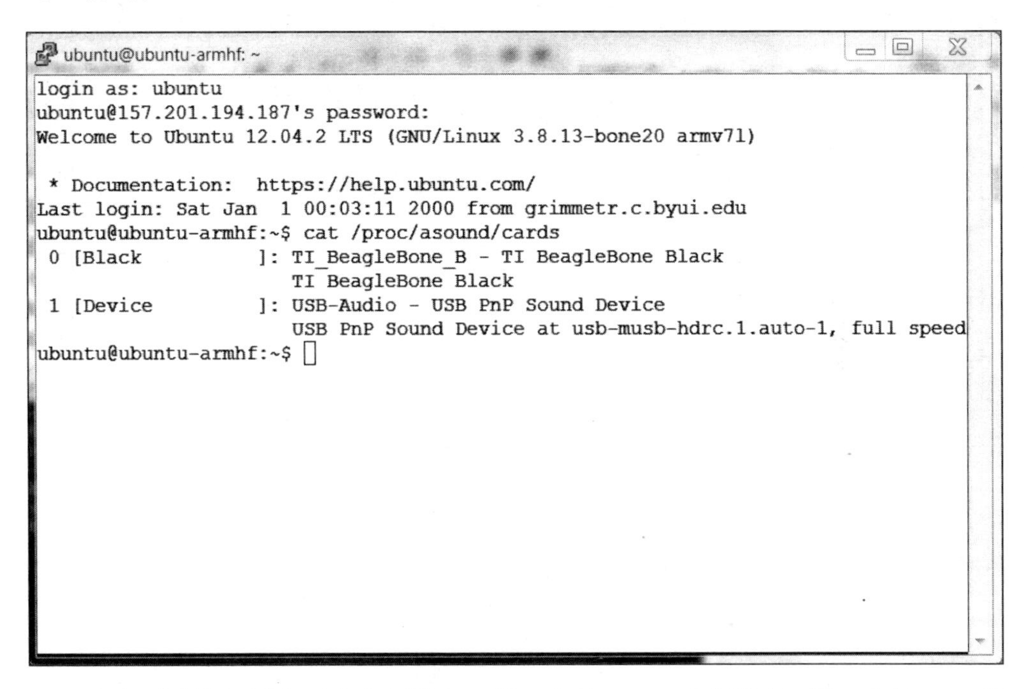


注意到系统识别出两个音频设备。第一个是 HDMI 音频设备，第二个是 USB 声卡设备。现在，你可以使用 USB 声卡设备完成音频的创建和记录工作。

### 3.2.2 任务执行

首先，通过播放一些音乐来测试 USB 音频设备能否正常工作。需要配置系统以寻找 USB 声卡，并作为播放和录音的默认设备。为此，需要为系统添加一些库。最先要添加的是 ALSA 库。ALSA 是高级 Linux 音频体系（Advanced Linux Sound Architecture），可以在 BeagleBone Black 上驱动音频系统。

首先，安装两个与 ALSA 相关的库，输入 sudo apt-get install alsa-base alsa-utils 命令进行安装。此外，还要安装音频库，输入命令 sudo apt-get install libasound2-dev。

如果系统中已经安装了这些库，那么系统会给出已安装或已更新的提示。安装完上述库之后，重新启动 BeagleBone Black。虽然需要一些时间，但是新的库或者是硬件安装后，系统通常需要重启。

现在，可以使用 alsamixer 程序，来进行 USB 声卡输入与输出音量的控制。在命令行中输入 alsamixer，可以看到：

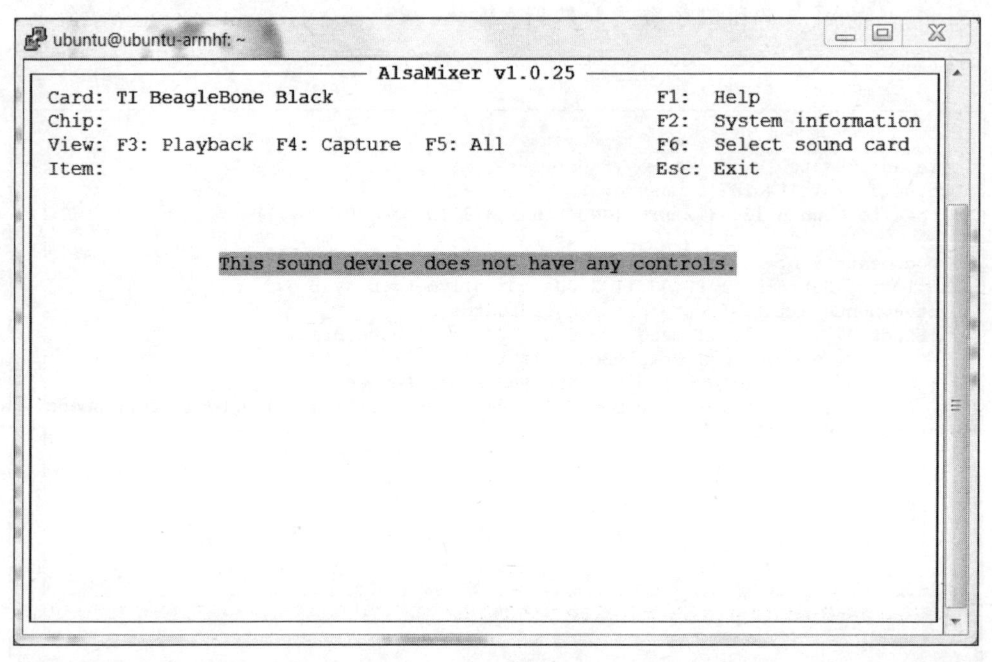


按下 F6 按键，使用方向键选择你的 USB 声卡设备。可以看到：

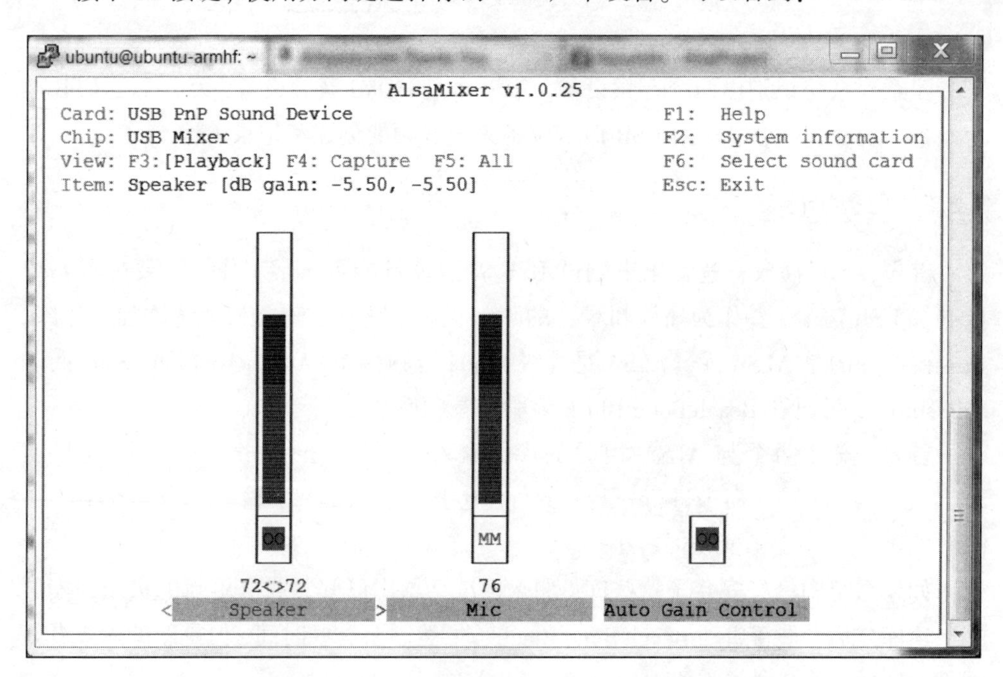

可以使用方向键设置喇叭和麦克风的音量。使用 m 键对麦克风设置静音。在前面的截图中，MM 代表静音，∞ 代表非静音。确保你的设置如下图所示：

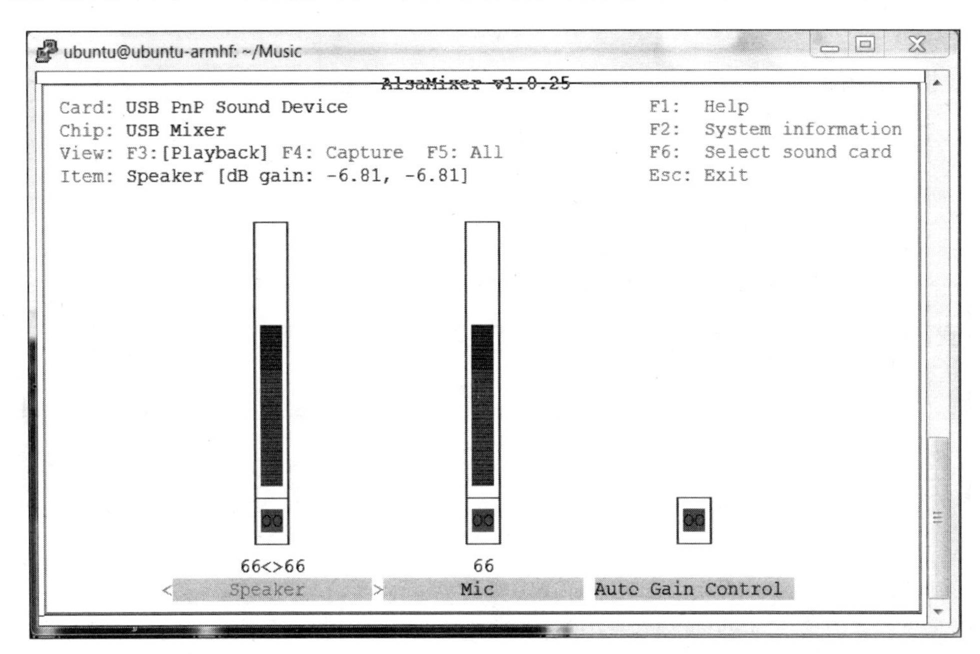


确保你的系统识别出 USB 声卡设备。在命令行输入 `aplay -l`，可以看到：

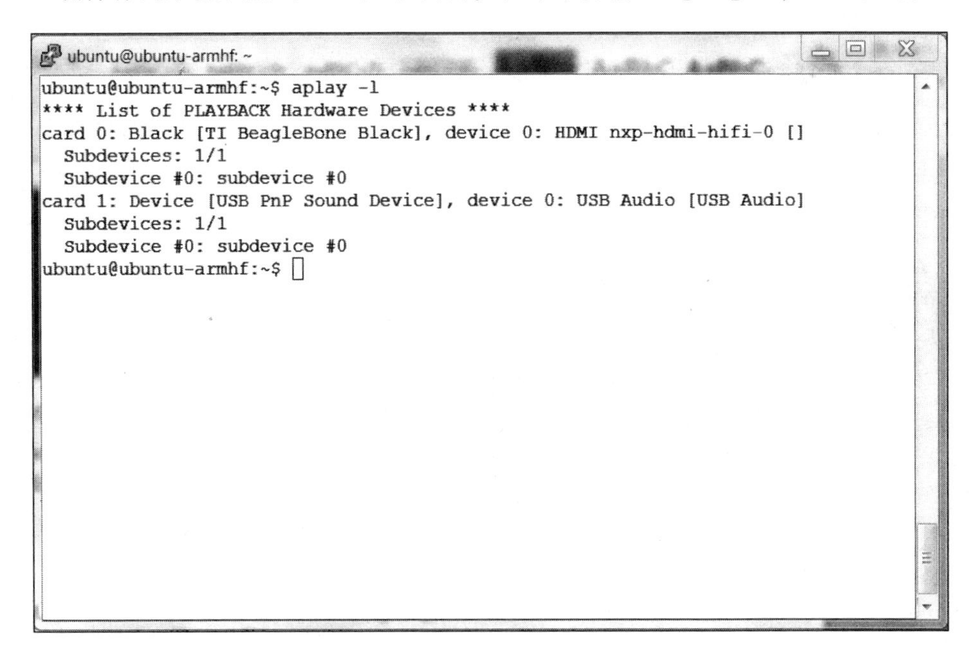

如果没有输出，尝试 sudo aplay-l 命令。一旦添加了库文件，还需要增加一个配置文件。在 home 目录下创建一个.asoundrc 文件，作为默认的配置文件。为此：

1. 使用熟悉的编辑器打开.asoundrc 文件。
2. 输入 pcm.! default sysdefault:Device。
3. 保存文件。

文件内容如下图所示：

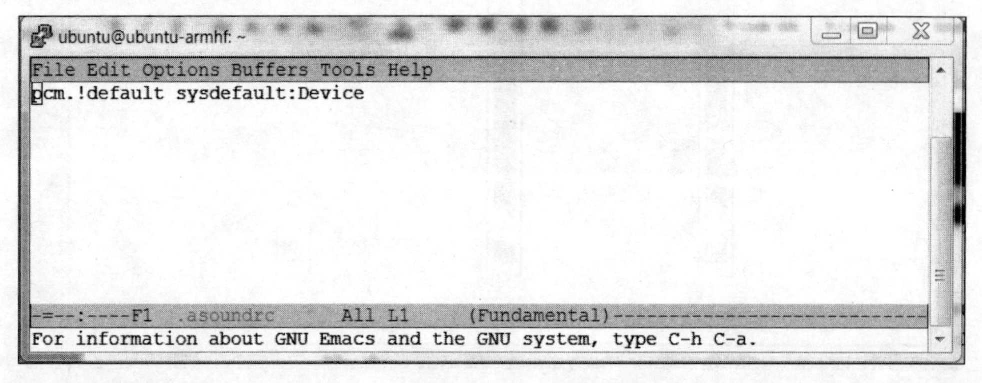


配置文件内容让系统将 USB 声卡作为默认的音频设备。完成配置文件编辑工作后，重启系统。

现在，可以播放音乐了。为此，需要一个音频文件和相应的播放方法。我使用 WinScp 从 Windows 计算机上传递一个简单的.wav 文件到 BeagleBone Black 上的 Music 子目录中。然后，使用 aplay 工具进行播放。进入到 Music 目录，使用 ll 命令查看音乐文件，如下图所示：

```
ubuntu@ubuntu-armhf: ~/Music
ubuntu@ubuntu-armhf:~$ cd ./Music
ubuntu@ubuntu-armhf:~/Music$ ll
total 3496
drwxr-xr-x  2 ubuntu ubuntu    4096 Jan  1  2000 ./
drwxr-xr-x 19 ubuntu ubuntu    4096 Jan  1  2000 ../
-rw-rw-r--  1 ubuntu ubuntu 3568684 Mar 23  2013 Dance.wav
ubuntu@ubuntu-armhf:~/Music$
```

输入 aplay Dance.wav 命令，使用 aplay 音乐播放器播放音乐。此时，你可以听到音乐，并能看到以下的输出信息：

```
ubuntu@ubuntu-armhf: ~/Music
ubuntu@ubuntu-armhf:~$ cd ./Music
ubuntu@ubuntu-armhf:~/Music$ ll
total 3496
drwxr-xr-x  2 ubuntu ubuntu    4096 Jan  1  2000 ./
drwxr-xr-x 19 ubuntu ubuntu    4096 Jan  1  2000 ../
-rw-rw-r--  1 ubuntu ubuntu 3568684 Mar 23  2013 Dance.wav
ubuntu@ubuntu-armhf:~/Music$ aplay Dance.wav
Playing WAVE 'Dance.wav' : Signed 16 bit Little Endian, Rate 44100 Hz, Stereo
ubuntu@ubuntu-armhf:~/Music$ 
```

如果听不到音乐，使用 alsamixer 检查音量设置，以及喇叭的供电情况。同时，aplay 对于音频文件类型比较挑剔，所以可能需要尝试不同的.wav 文件，直到能正常播放为止。此外，如果系统不能识别该软件，请使用命令 sudo aplay Dance.wav。

现在可以播放声音了，接下来让我们录音。为此，需要使用 arecord 软件。在命令行，输入 arecord -d 5 -r 48000 test.wav 命令。该命令会以 48 000 赫兹的采样率录音 5 秒钟。一旦输入了命令，便可以对准麦克风说话，或者发出其他能够识别的声音。可以在终端中看到：

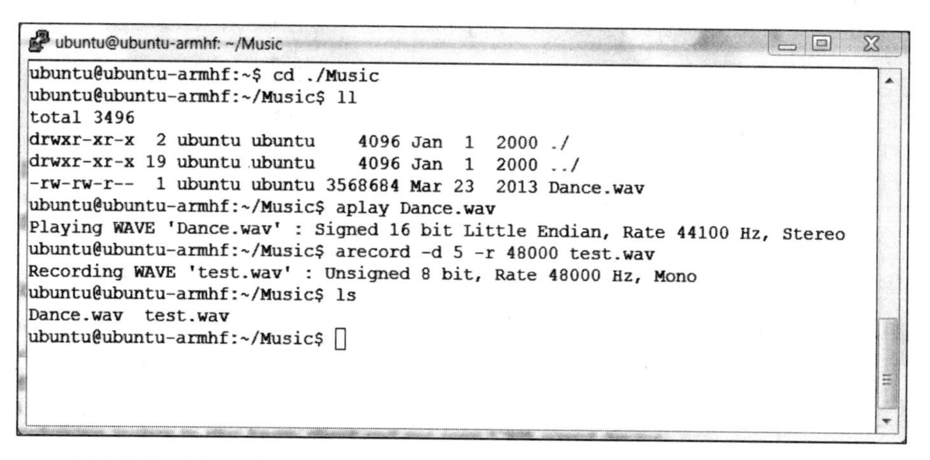

```
ubuntu@ubuntu-armhf: ~/Music
ubuntu@ubuntu-armhf:~$ cd ./Music
ubuntu@ubuntu-armhf:~/Music$ ll
total 3496
drwxr-xr-x  2 ubuntu ubuntu    4096 Jan  1  2000 ./
drwxr-xr-x 19 ubuntu ubuntu    4096 Jan  1  2000 ../
-rw-rw-r--  1 ubuntu ubuntu 3568684 Mar 23  2013 Dance.wav
ubuntu@ubuntu-armhf:~/Music$ aplay Dance.wav
Playing WAVE 'Dance.wav' : Signed 16 bit Little Endian, Rate 44100 Hz, Stereo
ubuntu@ubuntu-armhf:~/Music$ arecord -d 5 -r 48000 test.wav
Recording WAVE 'test.wav' : Unsigned 8 bit, Rate 48000 Hz, Mono
ubuntu@ubuntu-armhf:~/Music$ ls
Dance.wav  test.wav
ubuntu@ubuntu-armhf:~/Music$ 
```

一旦创建了录音文件，可以使用 aplay 进行播放。输入 alplay test.wav 命令，可以听到刚才的录音。如果听不到，请检查 alsamixer 的设置，确保喇叭和麦克风均没有设置为静音。

### 3.2.3 任务完成-小结

现在可以在 BeagleBone Black 上播放音乐或者其他音频文件了，并且能改变喇叭的音量，也可以对你的声音或者是其他声音进行录音。我们已经做好下一步的准备工作。

### 3.2.4 补充信息

Ubuntu 提供了许多其他的音乐播放和录音软件，比 aplay 和 arecord 功能更为丰富。如果需要，可以在互联网上寻找这些软件，并安装到你的系统中。而且很多都可以在 Xfce 下运行，不过你需要配置图形系统，使之能够识别并使用 USB 声卡设备。

## 3.3 使用 eSpeak 让机器人说话

对于机器人来说，声音是一个很重要的交互工具。不过，你一定希望能够比简单的播放音乐更进一步。下面的任务是要让机器人说话。

### 3.3.1 任务准备

此前已经可以在 BeagleBone Black 上进行音频的输入与输出，现在需要利用这种能力做一些有用的工作。首先需要使用 eSpeak 软件，一种开源计算机音频软件。

### 3.3.2 任务执行

eSpeak 是一个开源的语音播放工具。为了能够使用该软件，需要进行如下的操作。

输入命令 `sudo apt-get install espeak`，下载 eSpeak 库文件。该软件需要额外的存储空间，不过由于存放在 SD 卡上，所以空间上没什么问题。下载会持续一段时间，安装完毕后命令行提示符会再次出现。

检查 BeagleBone Black 能否说出语音。使用以下命令：`espeak"hello"`。喇叭会播放出由计算机产生的声音“hello”。如果没有听到，请检查喇叭和音量设置。

能够说出语音后，还需要进行定制。eSpeak 提供了完整的配置特性，包括大量的语言、语音及其他选项。为了使用这些特性，可以在命令行中输入选项。例如，输入命令 `espeak-v + f3 "hello"`，可以听到女性的声音。如果使用苏格兰口音，则输入 `espeak-ven-sc + f3 "hello"`。我个人偏爱 West Midlands 口音，输入命令 `espeak-ven-sc + f3 "hello"`。选择了期望的声音效果后，可以设置为默认配置，这样就不需要每次都要在命令行输入这些配置选项。

为了设置默认配置，进入到 eSpeak 的默认文件定义目录：/usr/share/espeak-data/vocies，如下图所示：

```
ubuntu@ubuntu-armhf: /usr/share/espeak-data/voices
ubuntu@ubuntu-armhf:/usr/share/espeak-data/voices$ ls
!v  cs       default~  es-la  hi       id  ku  ml  pt-pt  sr    tr
af  cy       el        et     hr       is  la  nl  ro     sv    vi
bg  da       en        fi     hu       it  lv  no  ru     sw    zh
bs  de       eo        fr     hy       ka  mb  pl  sk     ta    zh-yue
ca  default  es        fr-be  hy-west  kn  mk  pt  sq     test
ubuntu@ubuntu-armhf:/usr/share/espeak-data/voices$
```

eSpeak 根据默认文件来选择声音种类。为了得到期望的声音效果，如女性的 en-wm 声音，需要将两个文件组合成默认文件。第一个文件，女性音调，位于!v 目录中。当需要指定该目录时，输入\!v。这里输入 \ 字符是因为 ! 是 Linux 中的特殊字符，所以如果希望将其作为常规字符处理，需要在前面加上转义字符 \。在合并两个文件之前，将当前默认配置备份为 default.old，以备后用。第二步是将 f3 声音复制到默认文件中。使用命令 sudo cp ./\!v/f3 default。现在可以编辑该文件，如下图所示：

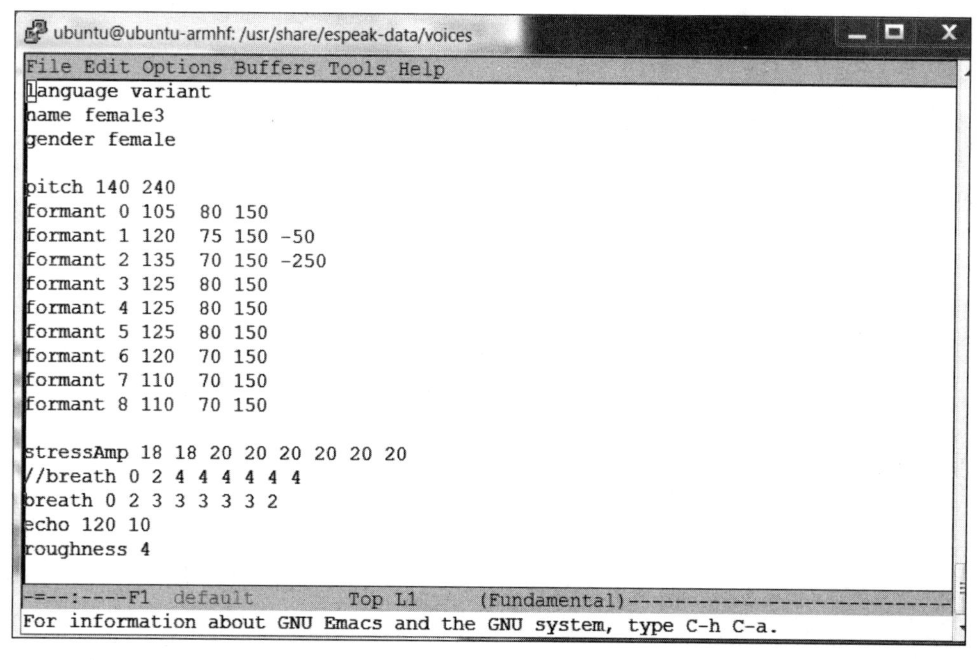

```
ubuntu@ubuntu-armhf: /usr/share/espeak-data/voices
File Edit Options Buffers Tools Help
language variant
name female3
gender female

pitch 140 240
formant 0 105  80 150
formant 1 120  75 150 -50
formant 2 135  70 150 -250
formant 3 125  80 150
formant 4 125  80 150
formant 5 125  80 150
formant 6 120  70 150
formant 7 110  70 150
formant 8 110  70 150

stressAmp 18 18 20 20 20 20 20 20
//breath 0 2 4 4 4 4 4 4
breath 0 2 3 3 3 3 3 2
echo 120 10
roughness 4

-=--:----F1  default        Top L1     (Fundamental)----------------------------
For information about GNU Emacs and the GNU system, type C-h C-a.
```

文件中包含所有女性声音的设置。口音的设置在 en-wm 文件中，位于 en 目录下。将两者组合形成如下的文件：

```
ubuntu@ubuntu-armhf: /usr/share/espeak-data/voices
File Edit Options Buffers Tools Help
name viki
language en-uk-wmids
language en-uk 9
language en 9
gender female

phonemes en-wm

replace 00 h NULL
replace 00 o@ O@
replace 00 i@3 i@
dictrules 6
intonation 4
stressAdd 0 0 0 0 0 0 0 20

pitch 140 240
formant 0 105  80 150
formant 1 120  75 150 -50
formant 2 135  70 150 -250
formant 3 125  80 150
formant 4 125  80 150
formant 5 125  80 150
formant 6 120  70 150
formant 7 110  70 150
formant 8 110  70 150

stressAmp 18 18 20 20 20 20 20 20
//breath 0 2 4 4 4 4 4 4
breath 0 2 3 3 3 3 3 2
echo 120 10
roughness 4

-=--:----F1  default        All L1     (Fundamental)----------------------------
For information about GNU Emacs and the GNU system, type C-h C-a.
```

现在只需要简单地输入 espeak，就可以获得所需要的语音效果了。

### 3.3.3 任务完成-小结

现在机器人已经可以说话了。输入 espeak 命令，跟上希望说出的文字即可。也可以用来阅读一个完整的文本文件，只需在-f 选项后跟上文本文件名即可。用编辑器编写一个名为 speak 的文本文件，然后输入命令：espeak-f speak.txt。

### 3.3.4 补充信息

eSpeak 有很多选项，可以根据自己的喜好进行任意选择。只要保存到默认配置文件中即可。不过，eSpeak 无法发出观看电影时所听到的声音。电影中是演员说话，而不是计算合成发出的声音。不过，我们期望有一天计算机能发出与人声完全相同的声音。

## 3.4 使用 PocketSphinx 识别语音命令

能发出声音很酷，能说话就更酷了，但是你可能更希望通过语音命令与机器人进行交互。本节就介绍如何为机器人增加语音识别功能。

### 3.4.1 任务准备

现在机器人已经可以开口说话了，但是还希望它具有听力。这与说话相比不是一个简单的任务，不过我们可以从开发社区获得很大的帮助。

### 3.4.2 任务执行

首先是下载 PocketSphinx 软件，下载过程要比 eSpeak 软件复杂得多，所以请仔细按照以下步骤操作。

访问位于卡内基梅隆大学的 Sphinx 网站 http://cmusphinx.sourceforge.net/。该网站提供一个语音识别的开源软件。不过对于嵌入式系统，你需要使用 PocketSphinx 版本。

必须下载两个软件包：sphinxbase 和 PocketSphinx。在页面顶端选择下载选项，找到两个软件包最新版本的 `.tar.gz` 格式文件，下载到 BeagleBone Black 的 `/home/Ubuntu` 目录。在编译之前，还需要两个库文件。

第一个库文件是 `libasound2-dev`。如果你跳过了本章的前两个任务，那么需要下载该库文件，使用命令：`sudo apt-get install libasound2-dev`。如果你不确定是否已经安装，可以再次执行该命令。如果系统发现已安装，会给出提示。

第二个库文件是 `Bison`。这是一个 PocketSphinx 使用的开源的通用语法分析器生成器。使用命令 `sudo apt-get install bison` 获取该软件。

一旦两个库文件安装完毕，便可以开始编译 PocketSphinx。首先，在 home 目录下，应该有 `pocketsphinx` 和 `sphinxbase` 两个软件的 `.tar.gz` 格式文件，如下图所示：

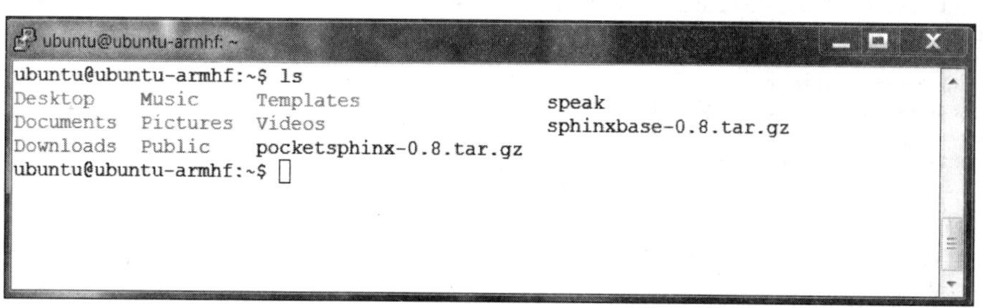

首先要解压 sphinxbase，输入命令：sudo tar-xzvf sphinx-base-0.x.tar.gz，这里的 x 代表版本号，我使用的是 8。解压后的文件位于 sphinixbase-0.x 目录下。进入该目录，然后可以看到目录下的内容：

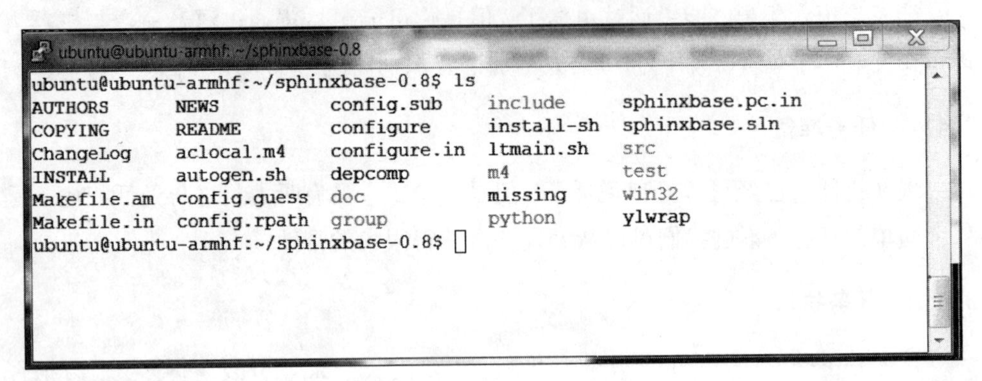


接着编译该软件，输入命令：./configure-enable-fixed。该命令会检查系统的环境是否满足编译的条件，如果满足，则会产生 Makefile。当我第一次执行该命令时，出现以下的错误：

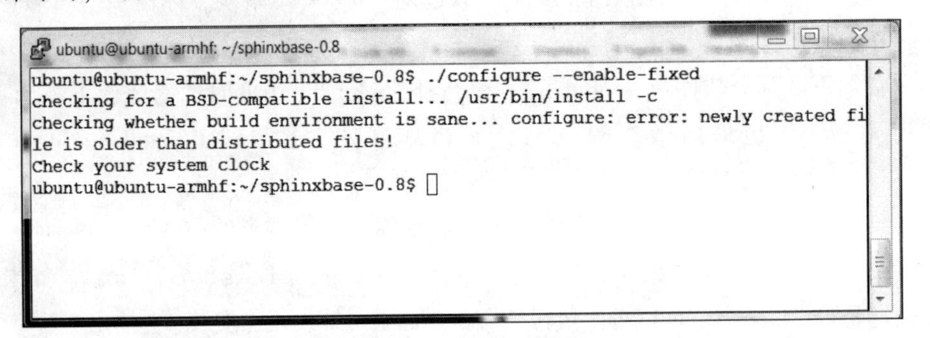


错误信息提示了一个有趣的问题。BeagleBone Black 的日期和时间没有设置成当前的时间。BeagleBone Black 没有像 PC 那样配备电池，所以关闭电源后无法保存时间。按照下图所示的方式显示系统的日期与时间：

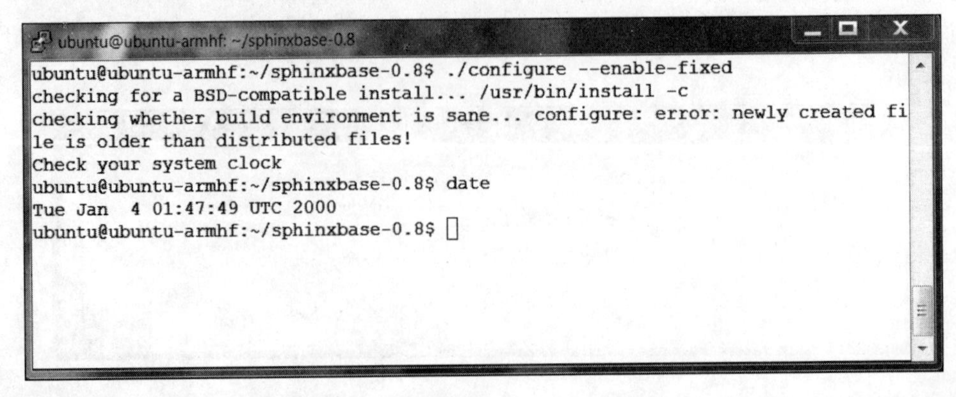

如果需要设置当前的日期和时间，执行命令：sudo data nnddhhmmyyyy.ss，其中 nn 为月，dd 为日，hh 为小时，mm 为分钟，yyyy 为年，ss 为秒。该命令可以设置指定的日期。现在，重新执行./configure-enable-fixed 命令。

最后一步就是使用生成的 makefile 进行编译链接，相关的库文件是 build-essential。通过命令 sudo apt-get install build-essential 进行安装。现在就可以编译 sphinxbase 软件包了。这包括以下两个步骤：

1. 输入 make 命令，产生可执行文件。
2. 输入 sudo make install 命令，将可执行文件安装到系统中。

现在可以编译第二个软件包：PocketSphinx。

进入到 home 目录，然后解压软件包，执行命令 tar-xzvf pocketsphinx-0.8.tar.gz。解压后，可以开始编译代码。按照以下的步骤操作：

1. 进入目录 pocketsphinx-0.8，输入./configure 命令。
2. 输入 make，完成后执行 sudo make install 命令。

如果打算使用 Python 语言调用 PocketSphinx 功能，那么还需要安装一些额外的库文件。使用命令 sudo apt-get install python-dev 安装 python-dev 库。使用命令 sudo apt-get install cython 安装 cython。还可以选择安装 pkg-config，这是一种帮助进行复杂编译的工具，安装命令为 sudo apt-get install pkg-config。

一旦安装完成，需要让系统知道 PocketSphinx 库文件的位置。为此，编辑/etc/ld.so.conf 文件(需要 root 权限)。在文件的尾部增加一行：/usr/local/lib，如下图所示：

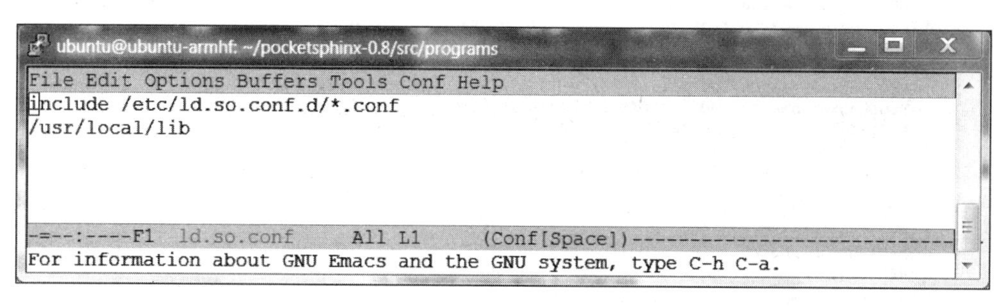


然后执行/sbin/ldconfig，让系统了解 PocketSphinx 库文件的位置。

一切安装完毕，就可以开始进行语音识别的工作了。进入目录 bring this all on one line，运行演示程序 pocketsphinx_conginuous。该软件从麦克风中获取输入，然后转化为语音。运行该命令后，将会看到一系列无关的信息，如下图所示：

```
ubuntu@ubuntu-armhf: ~/pocketsphinx-0.8/src/programs
INFO: ngram_model_dmp.c(288):    436879 = LM.bigrams(+trailer) read
INFO: ngram_model_dmp.c(314):    418286 = LM.trigrams read
INFO: ngram_model_dmp.c(339):     37293 = LM.prob2 entries read
INFO: ngram_model_dmp.c(359):     14370 = LM.bo_wt2 entries read
INFO: ngram_model_dmp.c(379):     36094 = LM.prob3 entries read
INFO: ngram_model_dmp.c(407):       854 = LM.tseg_base entries read
INFO: ngram_model_dmp.c(463):      5001 = ascii word strings read
INFO: ngram_search_fwdtree.c(99): 788 unique initial diphones
INFO: ngram_search_fwdtree.c(147): 0 root, 0 non-root channels, 60 single-phone
words
INFO: ngram_search_fwdtree.c(186): Creating search tree
INFO: ngram_search_fwdtree.c(191): before: 0 root, 0 non-root channels, 60 singl
e-phone words
INFO: ngram_search_fwdtree.c(326): after: max nonroot chan increased to 13428
INFO: ngram_search_fwdtree.c(338): after: 457 root, 13300 non-root channels, 26
single-phone words
INFO: ngram_search_fwdflat.c(156): fwdflat: min_ef_width = 4, max_sf_win = 25
INFO: continuous.c(371): pocketsphinx_continuous COMPILED ON: Jul 18 2013, AT: 0
9:06:25

Warning: Could not find Mic element
Warning: Could not find Capture element
READY....
```

即使提示没有找到麦克风或者录音设备，不过，只要按照上文进行设置，实际上已经可以发出语音命令了。对准麦克风说“hello”，当软件感知到说话停止时，就会启动语音处理，同样出现一些无关的信息，但最后将显示识别出的“hello”，如下图所示。

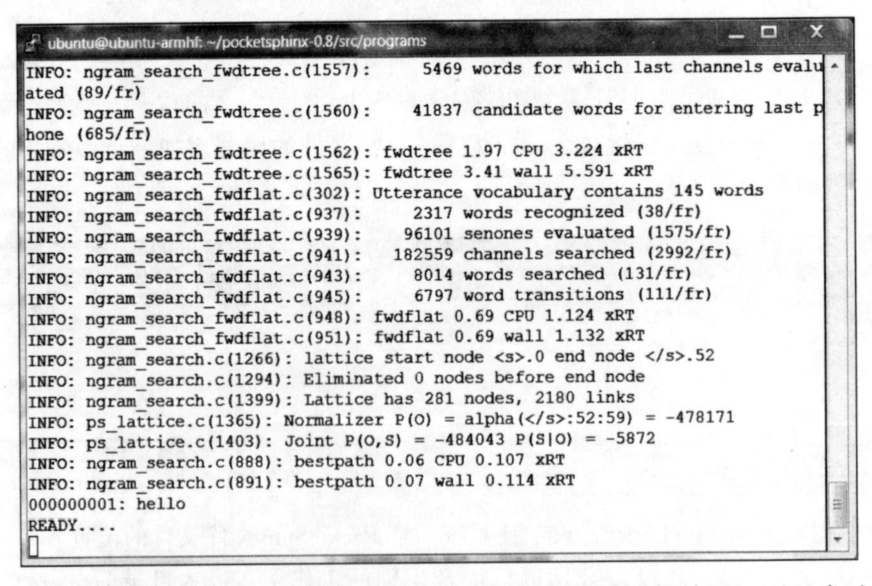

```
ubuntu@ubuntu-armhf: ~/pocketsphinx-0.8/src/programs
INFO: ngram_search_fwdtree.c(1557):      5469 words for which last channels evalu
ated (89/fr)
INFO: ngram_search_fwdtree.c(1560):     41837 candidate words for entering last p
hone (685/fr)
INFO: ngram_search_fwdtree.c(1562): fwdtree 1.97 CPU 3.224 xRT
INFO: ngram_search_fwdtree.c(1565): fwdtree 3.41 wall 5.591 xRT
INFO: ngram_search_fwdflat.c(302): Utterance vocabulary contains 145 words
INFO: ngram_search_fwdflat.c(937):      2317 words recognized (38/fr)
INFO: ngram_search_fwdflat.c(939):     96101 senones evaluated (1575/fr)
INFO: ngram_search_fwdflat.c(941):    182559 channels searched (2992/fr)
INFO: ngram_search_fwdflat.c(943):      8014 words searched (131/fr)
INFO: ngram_search_fwdflat.c(945):      6797 word transitions (111/fr)
INFO: ngram_search_fwdflat.c(948): fwdflat 0.69 CPU 1.124 xRT
INFO: ngram_search_fwdflat.c(951): fwdflat 0.69 wall 1.132 xRT
INFO: ngram_search.c(1266): lattice start node <s>.0 end node </s>.52
INFO: ngram_search.c(1294): Eliminated 0 nodes before end node
INFO: ngram_search.c(1399): Lattice has 281 nodes, 2180 links
INFO: ps_lattice.c(1365): Normalizer P(O) = alpha(</s>:52:59) = -478171
INFO: ps_lattice.c(1403): Joint P(O,S) = -484043 P(S|O) = -5872
INFO: ngram_search.c(888): bestpath 0.06 CPU 0.107 xRT
INFO: ngram_search.c(891): bestpath 0.07 wall 0.114 xRT
000000001: hello
READY....
```

注意到 000000001 : hello 信息，软件已经识别出你所说的单词。可以尝试其他单词和短语。软件非常敏感，会提取到背景噪音。还会发现语音识别不是特别准确。如果希望提高准确性，可查看补充信息部分。按下 ctrl-c 停止软件执行。

### 3.4.3 任务完成–小结

现在系统已经可以识别出你的语音了。在下一节，你将会学习如何根据识别出的话音进行响应。

### 3.4.4 补充信息

有两个提高识别准确率的方法。一种是进行训练，使之更能理解你的声音。不过这非常复杂，有兴趣的读者可以去卡内基梅隆大学的 PocketSphinx 网站了解详情。

另一种提高准确率的方法是限制使用单词的范围。软件默认可以支持几千个单词，但是如果两个单词发音比较接近，软件可能就会误判为相近的单词。为了避免出现这样的问题，最好能限制软件需要判断单词的数量。

第一步先创建包含希望识别的单词或短语的文件，然后，使用网站提供的工具创建软件使用的两个文件，用来定义你的语法。我使用 vncserver，因为需要使用浏览器。下一步是创建 grammar.txt 文件，并添加下图中的文字。

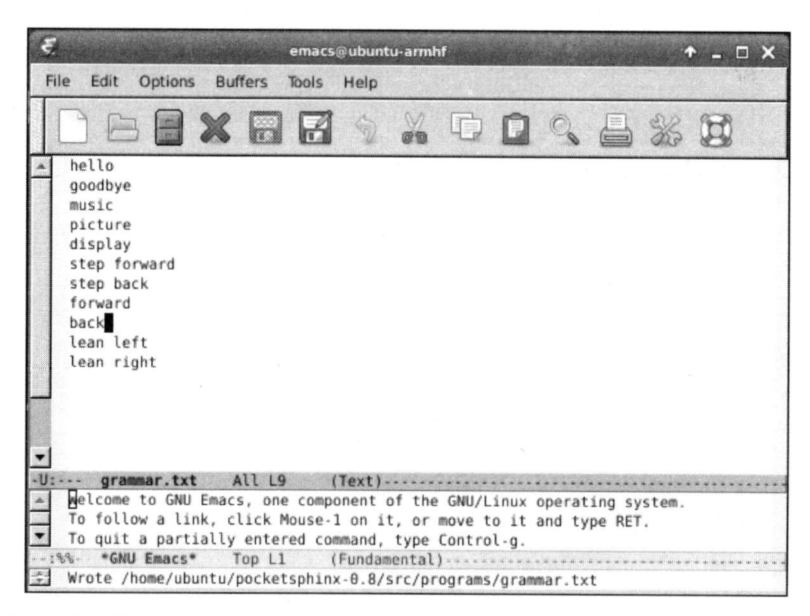


现在必须要使用卡内基梅隆大学的网站工具，将该文件变换为两个文件，可供软件用来定义自己的字典。在我的系统中，已经安装了 Firefox 浏览器（通过命令

sudo apt-get install firefox)。打开浏览器，输入网址 http://www.speech.cs.cmu.edu/tools/lmtool-new.html。单击浏览按钮，然后选择文件，如下图所示：

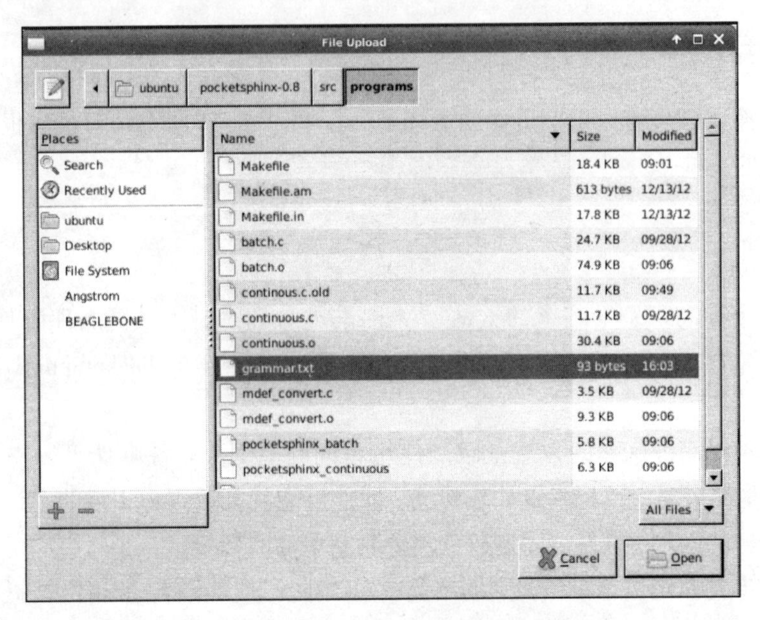


打开 grammer.txt 文件，在网页中选择 COMPILE KNOWLEDGE BASE，将出现如下的页面：

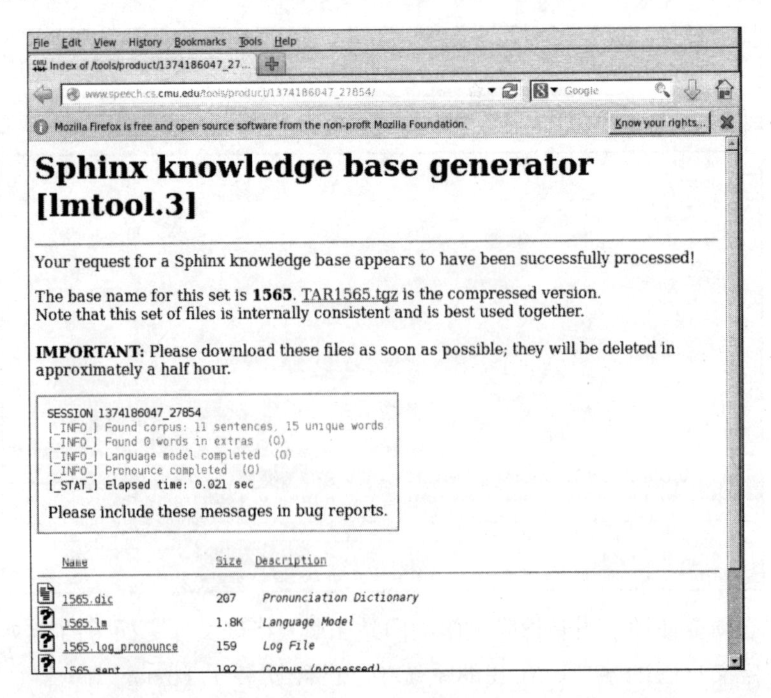

下载.tgz 格式的文件(TAR1565.tgz)到/home/Ubuntu/Download 目录下，将其移动到/home/Ubuntu/pocketsphinx-0.8/src/programs 目录下，使用命令"tar-xzvf 文件名"进行解压，结果如下图所示：

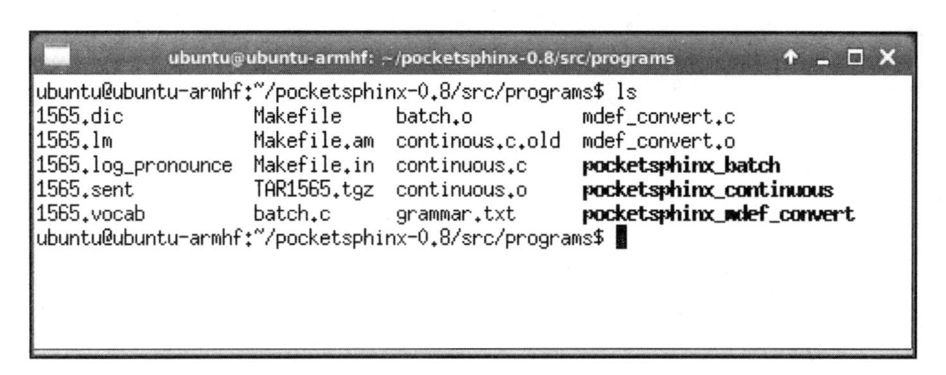


现在，可以再次运行 pocketsphinix_continuous，输入命令 pocketsphinx_continuous-lm 1565.lm-dict 1565.dic，软件就会按照新的字典识别你的话音。

上面的操作同样可以在 Windows 系统中进行，使用写字板编辑文本文件。在网站创建需要的语法文件后，可以通过 WinScp 下载到 BeagleBone Black 上。

## 3.5 理解语音命令并发起动作

现在机器人不仅可以说话，也能听懂人的语言，接下来让我们来看看如何让机器人对你说的话进行反应。

### 3.5.1 任务准备

现在系统具有了听和说的能力，希望获得根据语音指令执行命令的能力。下面开始配置系统，以实现对简单语音指令的反应能力。

### 3.5.2 任务执行

为此，编辑/home/Ubuntu/src/programs 目录下的 continuous.c 源代码。可以另外创建自己的 C 代码，但是该文件已经处于 makefile 管理之中，因此是一个很好的起点。所以，为当前文件复制一个备份 continuous.c.old，以便于将来恢复。下面就可以修改 continuous.c 文件了。这个文件很长，代码也比较复杂，不过你只需要关注以下的代码段：

```
File Edit Options Buffers Tools C Help
        while (ad_read(ad, adbuf, 4096) >= 0);
        cont_ad_reset(cont);

        printf("Stopped listening, please wait...\n");
        fflush(stdout);
        /* Finish decoding, obtain and print result */
        ps_end_utt(ps);
        hyp = ps_get_hyp(ps, NULL, &uttid);
        printf("%s: %s\n", uttid, hyp);
        fflush(stdout);

        /* Exit if the first word spoken was GOODBYE */
        if (hyp) {
            sscanf(hyp, "%s", word);
            if (strcmp(word, "goodbye") == 0)
                break;
        }

        /* Resume A/D recording for next utterance */
        if (ad_start_rec(ad) < 0)
            E_FATAL("Failed to start recording\n");
    }

    cont_ad_close(cont);
-=--:----F1  continuous.c   80% L327   (C/l Abbrev)------------------------------
```

在这个代码段中，已经被识别的单词被存放在变量 hyp 中。可以在该处添加针对识别单词所需要执行的动作。首先，先添加对单词“hello”和“goodbye”的反应，看能否让程序停止运行。对代码做如下修改：

1. 找到注释/* Exit, if the first word spoken was GOODBYE * /。
2. 将语句 if(strcmp(word,“goodbye”)= =0)中的 goodbye 改为 GOODBYE。
3. 在 break;语句前后增加{}，并在 break;之前添加 system("espeak"\"good bye\"");语句。
4. 添加新的 else if 处理分支语句：else if (strcmp(hyp,"HELLO")= =0)，在 else if 语句后加入{}，并在花括号中增加 system("espeak"\"good bye\""); 语句。

修改后的文件如下图所示：

```
File Edit Options Buffers Tools C Help
        fflush(stdout);
        /* Finish decoding, obtain and print result */
        ps_end_utt(ps);
        hyp = ps_get_hyp(ps, NULL, &uttid);
        printf("%s: %s\n", uttid, hyp);
        fflush(stdout);
        /* Exit if the first word spoken was GOODBYE */
        if (hyp) {
            sscanf(hyp, "%s", word);
            if (strcmp(hyp, "GOODBYE") == 0)
                {
                system("espeak \"good bye\"");
                break;
                }
            else if (strcmp(hyp, "HELLO") == 0)
                {
                system("espeak \"hello\"");
                }
        }

        /* Resume A/D recording for next utterance */
        if (ad_start_rec(ad) < 0)
            E_FATAL("Failed to start recording\n");
    }
-=--:----F1  continuous.c    79% L319    (C/l Abbrev)------------------------------
```

然后重新编译代码。因为 make 系统已经知道了如何生成 pocketsphinx_continuous，`continuous.c` 文件每次被修改之后，都会被重新编译。输入 `make` 命令，该文件将会被编译，并创建新版本的 pocketsphinx_continuous 程序。输入 `./pocketsphinx_continuous` 命令执行该程序。不过别忘了在程序名之前输入./，否则会执行系统路径中其他版本的 pocketsphinx_continuous。

如果设置正确，对 BeagleBone Black 说 hello，会听到开发板回应 hello。对 BeagleBone Black 说 good bye，会听到开发板回应 good bye，并且退出软件执行。注意到 system( )函数可以运行其他任何程序，现在你就可以根据语音命令使用该软件启动并运行其他程序。

### 3.5.3 任务完成-小结

最后，BeagleBone Black 既可以听，也可以说，并且能够执行指定的软件。现在是时候为系统提供视觉能力了。

### 3.5.4 补充信息

通过 PocketSphinx 软件中的 C 代码可以实现与系统之间的交互。系统中也提供了一些 Python 文件。如果你喜欢使用 Python 语言，可以进入到 /home/Ubuntu/pocketsphinx-0.8/python 目录进行了解。

## 3.6 任务完成

现在机器人可以听，也可以说。如果不希望采用输入命令和显示器的方式与系统交互，可以借助这种方式。如果装备新的硬件和软件，你会感觉交互起来更自然。在本书中，面对其他复杂的项目，都可以使用这种方法。

## 3.7 挑战

你可以在很多项目中让你的机器人能够对人的语音做出反应，这已经在上面的例子中看到了。还可以尝试其他的例子。可以使用后台服务的方式启动程序，由于程序一直保持运行状态，所以就无须反复在命令行手工执行。如果对 Linux 很熟悉，还可以考虑通过通信协议连接两个运行的软件。

# 第4章 让 BeagleBone Black 能看见

机器人已经可以通过声音与人进行交流了。现在要利用摄像头为机器人增加视觉，在很多场合将使用这种功能。幸运的是，视觉功能所需的硬件和软件都是很容易获取的，并且价格也很便宜。

## 4.1 任务简述

在本章所介绍的任务中，需要增加 USB 接口的摄像头。BeagleBone Black 上的 USB 接口提供了无限的可能性。在此基础上，有很多开源库，提供了复杂的功能，可以直接使用，无须花费很长时间进行编码。

### 4.1.1 亮点展示

视觉功能可以为你的项目拓展很多的可能性。从简单的运动检测，到高级的功能，如面部识别，物体识别，甚至是物体追踪。机器人可以利用视觉能力检测环境，避开障碍。

### 4.1.2 目标

本章中，我们将学习：

- 连接 USB 摄像头到 BeagleBone Black，查看图像。
- 下载并安装 OpenCV，一个全功能的视觉库。
- 使用视觉库来检测彩色物体。

**下载样例代码和彩色图片**

可以通过访问 http://www.huaxin.com.cn 获取本书的样例代码和彩色图片。也可以通过访问 http://www.packtpub.com/support 网页得到这些文件。

### 4.1.3 任务清单

为了完成本任务，BeagleBone Black 需要连接局域网和 5 V 的供电，此外，还需要添加 USB 接口的摄像头。尽可能使用最新的产品，因为虽然你手中可能已经有了老款的摄像头，但是这有可能会导致问题，省钱会带了很多的烦恼。我坚持使用来自 Logitech(罗技)和 Creative Lab 的摄像头。

## 4.2 将 USB 摄像头连接到 BeagleBone Black 并查看图像

开启计算机视觉的第一步是将 USB 摄像头连接到 USB 口。我使用的是罗技 HD 720 摄像头。

### 4.2.1 任务准备

为了访问 USB 摄像头，可以使用 guvcview 软件。安装该软件可输入 `sudo apt-get install gnvcview`。

### 4.2.2 任务执行

连接 USB 摄像头，并确保网线连接好。然后加电，系统启动后，检查 BeagleBone Black 是否找到了 USB 摄像头。进入到 `/dev` 目录，输入 `ls` 命令。可以看到下图所示的输出：

```
ubuntu@ubuntu-armhf: /dev
autofs           loop3               ram0    tty1   tty32  tty55     vcs1
block            loop4               ram1    tty10  tty33  tty56     vcs2
btrfs-control    loop5               ram10   tty11  tty34  tty57     vcs3
bus              loop6               ram11   tty12  tty35  tty58     vcs4
char             loop7               ram12   tty13  tty36  tty59     vcs5
console          media0              ram13   tty14  tty37  tty6      vcs6
cpu_dma_latency  mem                 ram14   tty15  tty38  tty60     vcs7
disk             mixer               ram15   tty16  tty39  tty61     vcsa
dri              mixer1              ram2    tty17  tty4   tty62     vcsa1
dsp              mmcblk0             ram3    tty18  tty40  tty63     vcsa2
dsp1             mmcblk0p1           ram4    tty19  tty41  tty7      vcsa3
fb0              mmcblk0p2           ram5    tty2   tty42  tty8      vcsa4
fd               mmcblk1             ram6    tty20  tty43  tty9      vcsa5
full             mmcblk1boot0        ram7    tty21  tty44  ttyO0     vcsa6
fuse             mmcblk1boot1        ram8    tty22  tty45  ttyS0     vcsa7
i2c-0            mmcblk1p1           ram9    tty23  tty46  ttyS1     video0
i2c-1            mmcblk1p2           random  tty24  tty47  ttyS2     watchdog
input            net                 rtc0    tty25  tty48  ttyS3     watchdog0
kmem             network_latency     shm     tty26  tty49  ubi_ctrl  zero
kmsg             network_throughput  snd     tty27  tty5   uinput
log              null                stderr  tty28  tty50  urandom
loop-control     ppp                 stdin   tty29  tty51  usbmon0
loop0            psaux               stdout  tty3   tty52  usbmon1
ubuntu@ubuntu-armhf:/dev$
```

查找对应于摄像头的video0设备。如果看到该文件，说明系统已经找到了摄像头。

现在使用gnvcview来查看摄像头的输出。因为需要输出图像，所以要在开发板上连接显示器、键盘和鼠标，或者使用vncserver。如果打算使用`vncserver`，确保在BeagleBone Black上已经启动了vncserver。然后，如第1章所描述的，启动vnc-viewer。打开一个终端窗口，执行guvcview：`sudo guvcview`。

可以看到图像，如下图所示：

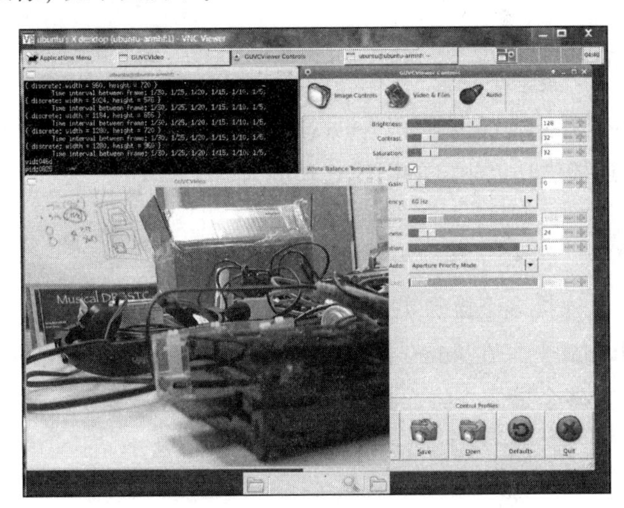


视频窗口显示了摄像头捕获的图像，GUVCViewer Controls窗口可以控制摄像头的不同特性。罗技HD 720摄像头默认的设置就可以很好地工作。如果看到黑屏，则需要调整设置。单击GUVCViewer Controls窗口，进入Video & Files标签，可以看到对摄像头进行调整设置的窗口。

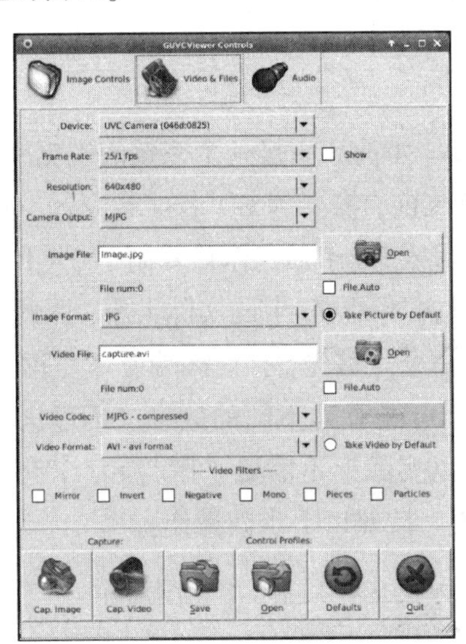

最重要的设置是分辨率。如果看到黑屏，尝试将分辨率调低，通常就可以解决问题。设置窗口同时还会提示你摄像头支持的分辨率。同样，在 Frame Rate 设置项，可以了解摄像头支持的帧率。不过要注意，通过 vncviewer 进行操作，与直接使用显示器相比，刷新率会慢很多。

一旦摄像头正常工作，并且工作在希望的分辨率，就可以开始下载并安装 OpenCV 了。

### 4.2.3 任务完成-小结

现在已经可以看到外部世界了，guvcview 可以捕获图像或者视频，并保存为文件，而 OpenCV 还提供功能丰富的图像处理能力。

### 4.2.4 补充信息

可以在系统上连接多个摄像头。按照同样的步骤进行连接，不过需要将这些摄像头连接到 USB hub 上。在 /dev 目录下列出所有设备，使用 guvcview 查看不同的图像。不过，连接多个摄像头将面临的问题是，过多的摄像头会用掉 USB 接口的全部带宽。

## 4.3 下载和安装 OpenCV——一个全功能的视觉库

已经连接好摄像头，接下来可以使用开源社区提供的功能强大的软件了。对于计算机视觉来说，最著名的就是 OpenCV。

### 4.3.1 任务准备

现在需要安装 OpenCV。OpenCV 是一个完整的视觉库，提供捕获、处理和保存图像的能力。在正式开始之前，需要为 SD 卡扩展分区，从而可以下载需要的应用软件。将 Linux 操作系统写入 SD 卡后，你只复制了 2 GB 的镜像。所以 SD 卡会被认为只有 2 GB 容量，但这并不是 SD 卡的实际大小，因此需要重新进行分区。

为此，需要使用一些命令。首先，打开终端窗口。我使用的 SD 卡容量是 8 GB，如果你的 SD 卡容量不同，可能看到不同的数字。不过庆幸的是，操作过程中只需要使用默认数值即可，所以实际上不需要了解与 SD 卡有关的情况。输入命令 sudosu，然后输入你的密码。按照以下步骤操作：

1. 输入 ll/dev/mmcblk *，输出如下图所示：

```
ubuntu@ubuntu-armhf:~$ ll /dev/mmcblk*
brw-rw---- 1 root disk 179,  0 Jan  1 00:00 /dev/mmcblk0
brw-rw---- 1 root disk 179,  1 Jan  1 00:00 /dev/mmcblk0p1
brw-rw---- 1 root disk 179,  2 Jan  1 00:00 /dev/mmcblk0p2
brw-rw---- 1 root disk 179,  8 Jan  1 00:00 /dev/mmcblk1
brw-rw---- 1 root disk 179, 16 Jan  1 00:00 /dev/mmcblk1boot0
brw-rw---- 1 root disk 179, 24 Jan  1 00:00 /dev/mmcblk1boot1
brw-rw---- 1 root disk 179,  9 Jan  1 00:00 /dev/mmcblk1p1
brw-rw---- 1 root disk 179, 10 Jan  1 00:00 /dev/mmcblk1p2
ubuntu@ubuntu-armhf:~$
```

2. 现在开始对 mmclbk0 设备进行修改，输入 fdisk/dev/mmclbk0 命令。

3. 输入 p，可以看到当前的分区情况，如下图所示：

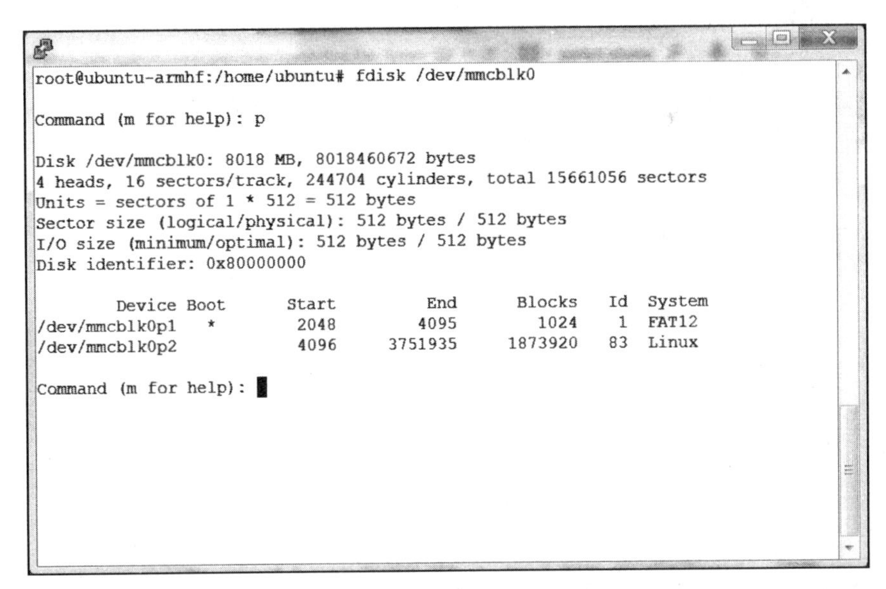

```
root@ubuntu-armhf:/home/ubuntu# fdisk /dev/mmcblk0

Command (m for help): p

Disk /dev/mmcblk0: 8018 MB, 8018460672 bytes
4 heads, 16 sectors/track, 244704 cylinders, total 15661056 sectors
Units = sectors of 1 * 512 = 512 bytes
Sector size (logical/physical): 512 bytes / 512 bytes
I/O size (minimum/optimal): 512 bytes / 512 bytes
Disk identifier: 0x80000000

        Device Boot      Start         End      Blocks   Id  System
/dev/mmcblk0p1   *        2048        4095        1024    1  FAT12
/dev/mmcblk0p2            4096     3751935     1873920   83  Linux

Command (m for help):
```

4. 需要扩展第二个分区设备，即/dev/mmcblk0p2。首先删除此分区，然后创建一个新的分区。在此过程中，SD 卡上原有的信息还将保留着。输入 d，然后输入 2，即分区 2。再次输入 p，可以看到：

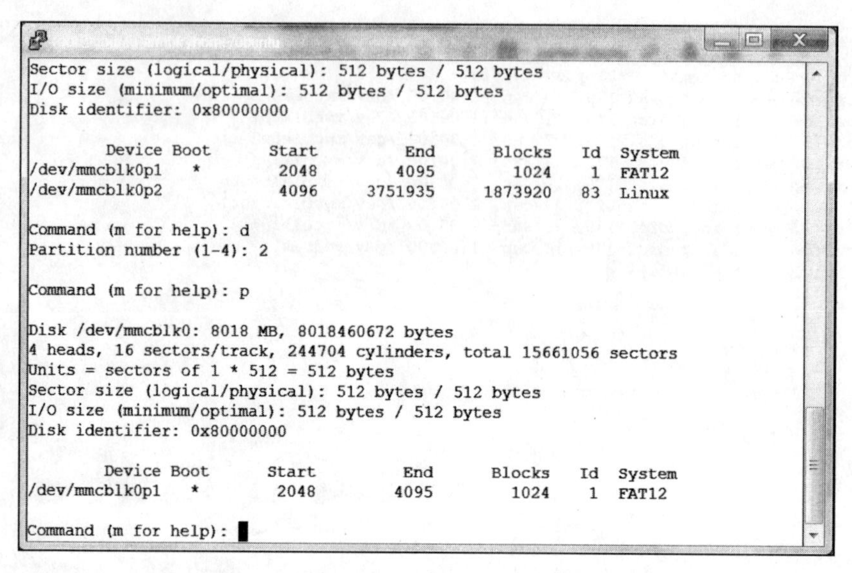


5. 使用默认的数值创建新的分区，占用SD卡剩余的所有空间。在命令提示符处输入 n，再输入 p，然后输入 2，每个命令输完后都要单击回车键。第二个分区再次出现，只不过根据不同大小的SD卡容量，显示的大小也会不同。

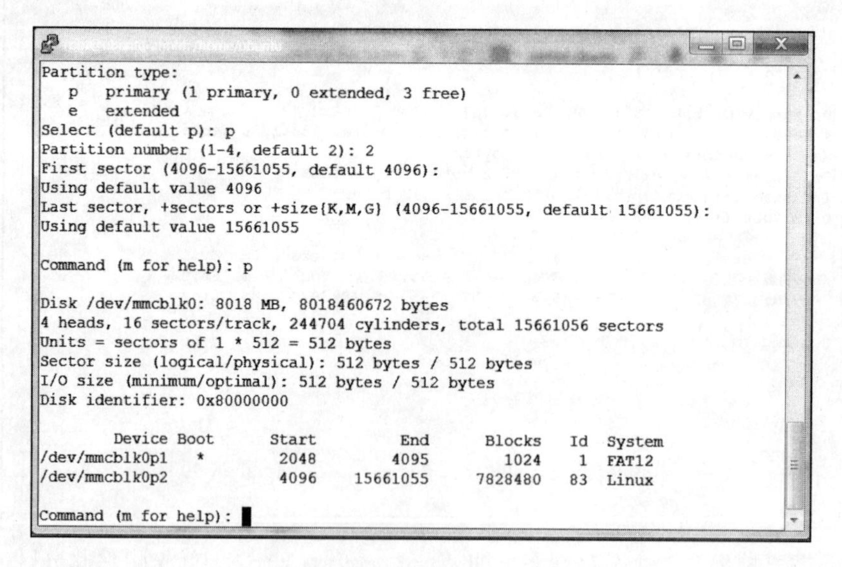


6. 注意到第二个分区比之前的要大。输入 w 命令写入修改。然后重启系统，输入命令 reboot。

7. 最后一步是扩展文件系统。在系统重启后，输入 sudo su，然后输入口令。现在输入 df 命令，检查磁盘剩余空间。可以看到：

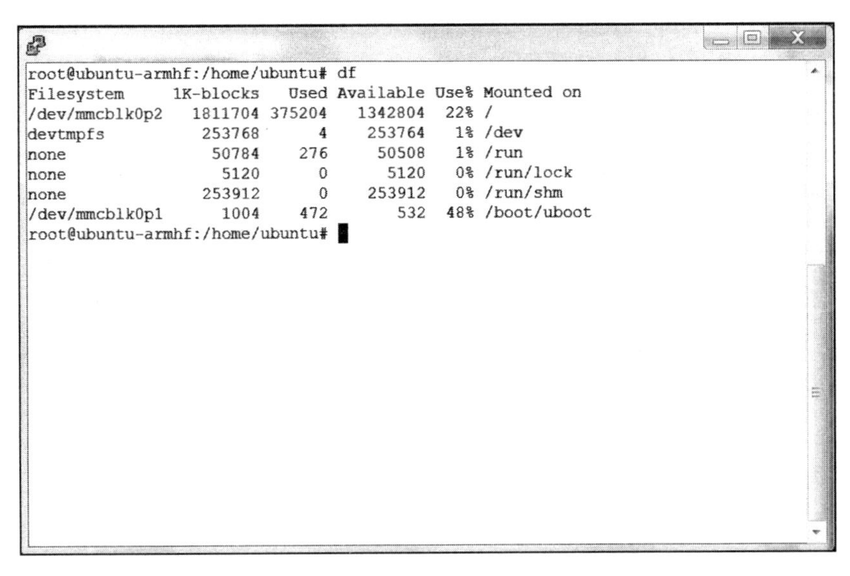


8. 需要扩容的是/dev/mmcblk0p2 分区。输入 resize2fs/dev/mmcblk0p2 命令，然后输入 df 命令。可以看到：

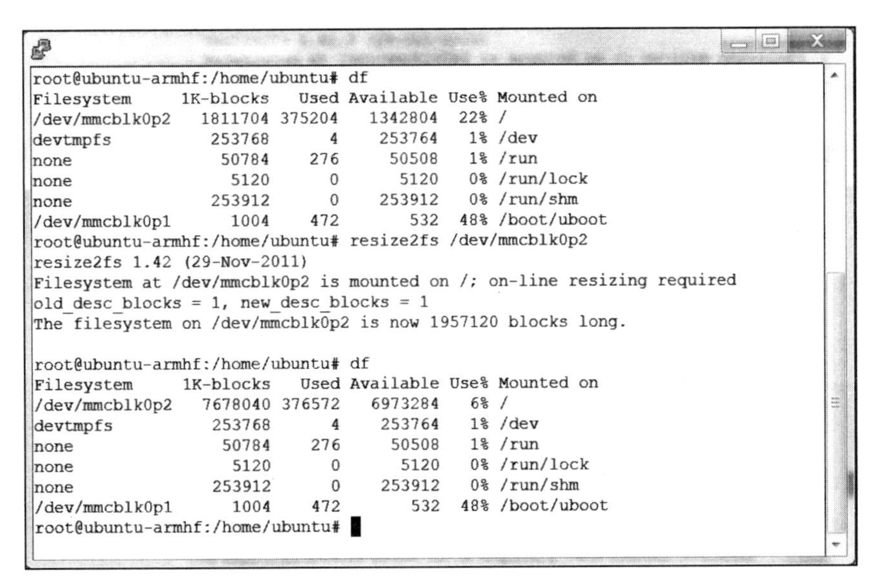


现在 SD 卡就可以使用了。

### 4.3.2 任务执行

首先，需要下载 OpenCV 和一系列库文件。有许多可能的步骤，这里给出在我的系统上的操作方式。系统启动后，打开终端窗口，按顺序输入以下命令：

1. sudoapt-get install update：如果很久没有执行过该命令，建议首先执行该命令。这将下载许多更新的软件包，所以最好确保系统处于最新状态。
2. sudo apt-get install build-essential：前面章节应该已经操作过，如果没有操作过，现在需要执行该命令。
3. sudo apt-get install libavformat-dev：该库文件提供对音频流和视频流的编解码操作。
4. sudoapt-get install ffmpeg：该库文件提供对音频流和视频流的转码操作。
5. sudoapt-get install libcv2.3 libcvaux2.3 libhighgui2.3：这些是OpenCV的基本库。注意软件包包含的版本号。随着OpenCV的发展，会出现新的版本。如果找不到2.3版本，那么就尝试2.4版本，或者在Google上查询OpenCV的最新版本号。
6. sudo apt-get install python-opencv：OpenCV的Python开发包，如果使用Python语言开发会需要。
7. sudoapt-get install opencv-doc：OpenCV的文档。
8. sudoapt-get install libcv-dev：提供了编译OpenCV所需的头文件和静态库文件。
9. sudoapt-get install libcvaux-dev：提供了编译OpenCV所需的开发工具。
10. sudoapt-get install libhighgui-dev：提供了编译OpenCV所需的头文件和静态库文件。
11. 确保当前位于home目录下，然后输入cp-r/usr/share/doc/opencv-doc/examples./：将所有的例子复制到home目录。
12. 输入命令cd./examples/c，进入到examples/c目录，然后输入sh build_all.sh，开始编译OpenCV。

现在已经做好了使用OpenCV库的准备，在完成一些简单的任务时，我喜欢使用Python语言，所以我会展示Python的例子。如果喜欢使用C语言，也可以去尝试。为了使用Python例子，需要更多的库。因为OpenCV在处理图像时需要进行矩阵处理，所以输入sudo apt-get install python-numpy命令。

一切就绪，可以开始使用Python的例子。进入到Python目录，输入命令cd/home/Ubuntu/examples/python。在该目录下，你会发现大量有用的样例代码并可以运行。不过，这需要在 BeagleBone Black 上连接显示器，或者使用 vncserver 连接。打开一个终端窗口，输入 `python camera.py`，可以看到：

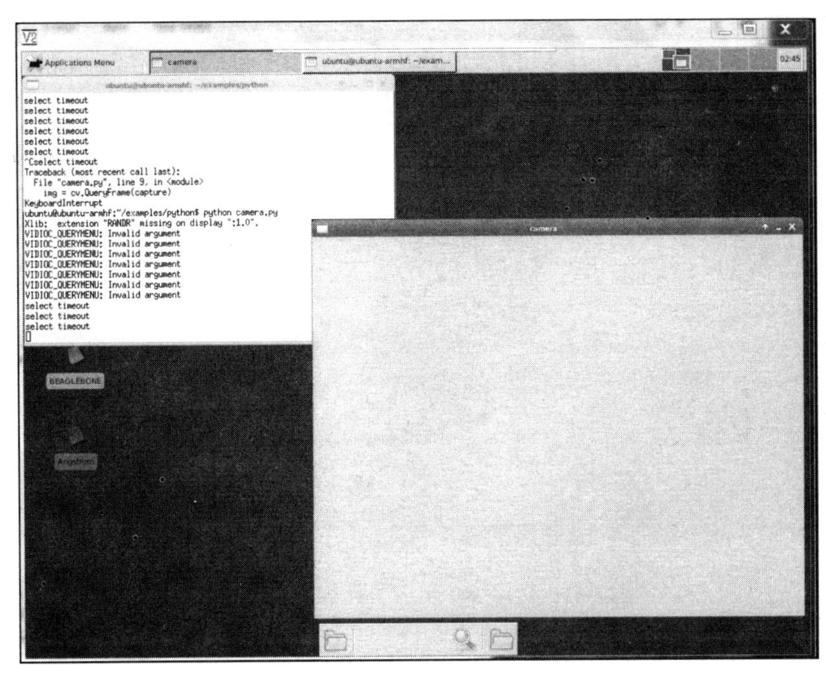


我的 camera 窗口是黑色，没有显示出摄像头输出的图像。需要改变摄像头和 OpenCV 支持的图像分辨率。为此，编辑 `camera.py` 文件，增加两行代码，如下图所示：

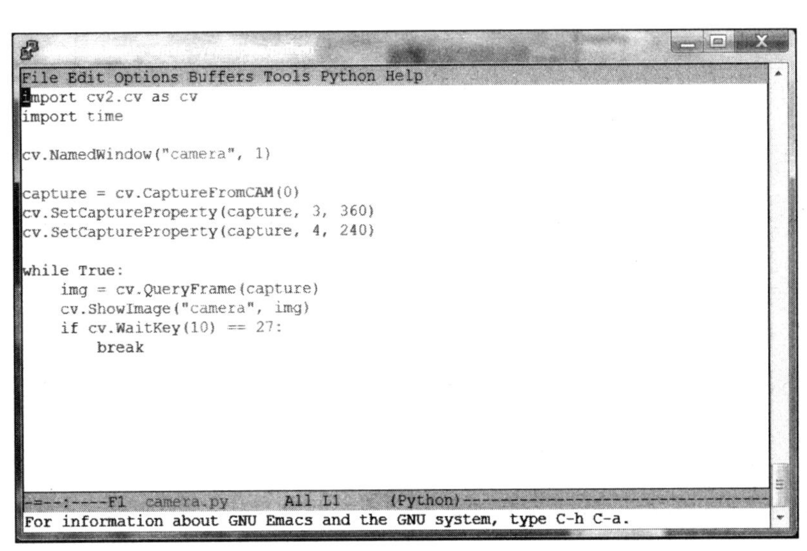

这两句代码将捕获图像的分辨率改变为 360×240 像素。现在运行 camera.py，可以看到类似下图的显示：

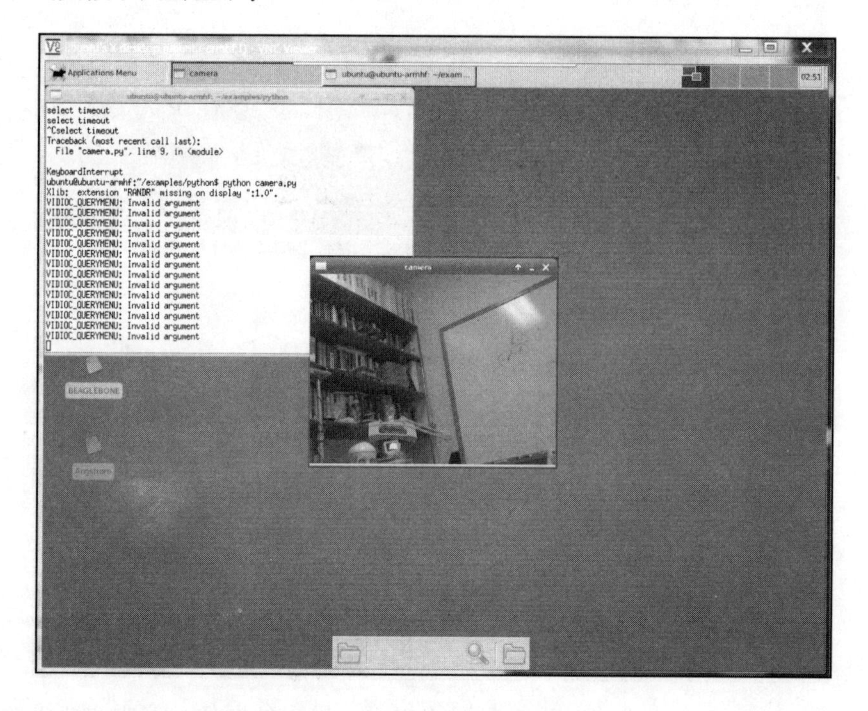


### 4.3.3 任务完成-小结

现在可以看见外部世界了！你将会使用这种视觉能力完成很多令人印象深刻的任务。

### 4.3.4 补充信息

使用适合应用场景最佳的分辨率。高分辨率固然好，因为可以提供更为细致的图像，但是也需要更多的处理能力。如果需要进行实际的图像处理，那么会有更高的要求。如果使用 vnc 方式来评估系统性能，要特别注意这会显著降低刷新率。一个 2 倍大小的图像(宽和高)需要 4 倍的处理能力。

## 4.4 使用视觉库检测彩色物体

现在已经能够访问 OpenCV 库了，接下来我们来看看能做些什么？

### 4.4.1 任务准备

摄像头配合 OpenCV 可以跟踪物体。这对于建立一个需要跟踪并跟随一个彩色球体的系统时非常有用。由于 OpenCV 提供了高层的库函数，因此这类任务变得非常简单。因为比 C 语言更为容易，这里使用 Python 语言。如果你习惯使用 C 语言，可以采用同样的方法。同时，使用 C 语言在性能上会更有优势，所以，可以先使用 Python 创建初始原型，然后最终使用 C 语言实现。

### 4.4.2 任务执行

建议你创建一个存放图像处理相关工作的目录。在 home 目录下，创建名为 `imageplay` 的目录，命令为 `mkdirimageplay`。然后进入到该目录，命令为 `cd imageplay`。

进入该目录后，复制 `camera.py` 文件，作为工作的起点，命令为 `cp/home/Ubuntu/examples/python/camera.py./camera.py`。现在可以开始编辑该文件了，如下图所示：

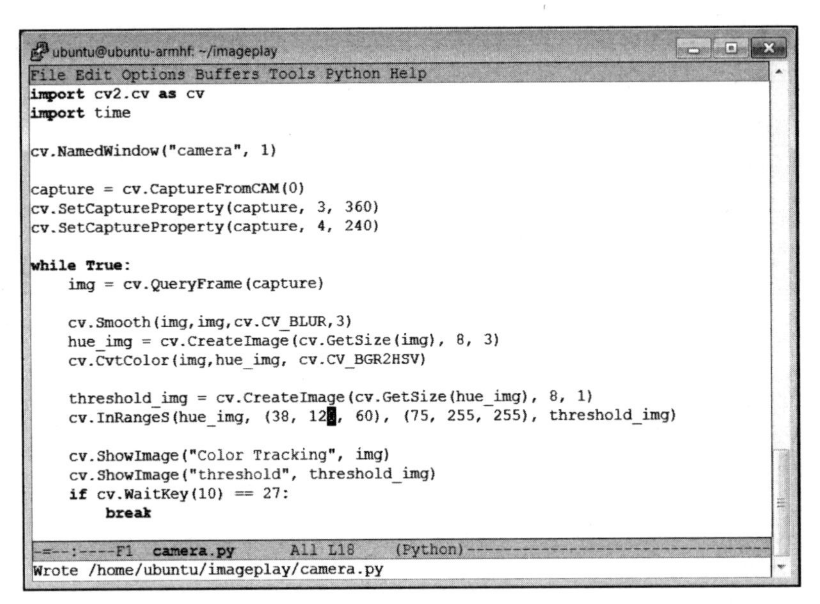


让我们看看需要对 `camera.py` 做出哪些修改。增加的前四行代码为：

```
#Smooth image, then convert the Hue
cv.Smooth(img,img,cv.CV_BLUR,3)
hue_img = cv.CreateImage(cv.GetSize(img), 8, 3)
cv.CvtColor(img,hue_img, cv.CV_BGR2HSV)
```

首先使用 OpenCV 对图像进行平滑处理，消除大的偏差(large deviations)。接着的两行代码用于创建新的图像，使用 HSV(H—色调，S—饱和度和 V—亮度)参数值，而不是原图像的 RGB(红、绿、蓝)三色像素值。使用 HSV 参数则更为关注色彩，而不是亮度。

然后，添加以下代码：

```
#Remove all the pixels that don't match
threshold_img = cv.CreateImage(cv.GetSize(hue_img), 8, 1)
cv.InRangeS(hue_img, (38,120, 60), (75, 255, 255),
           threshold_img)
```

这里创建另一幅黑白二进制图像，对于不在两个色彩值之间的所有像素，都被认定为黑色。(38,120,60)和(75,255,255)参数决定了色彩的范围。现在有一个绿色的球体，希望检测绿色。

现在可以运行 camera.py 程序。需要将显示器、键盘和鼠标连接到开发板上，或者通过 vnc 远程控制方式。输入 sudo python camera.py。可以看到一个黑色的图像，移动该窗口，让原始图像的窗口也能被看到。现在，将目标(绿色球体)移动到检测范围内，可以看到类似下图所示的现象：

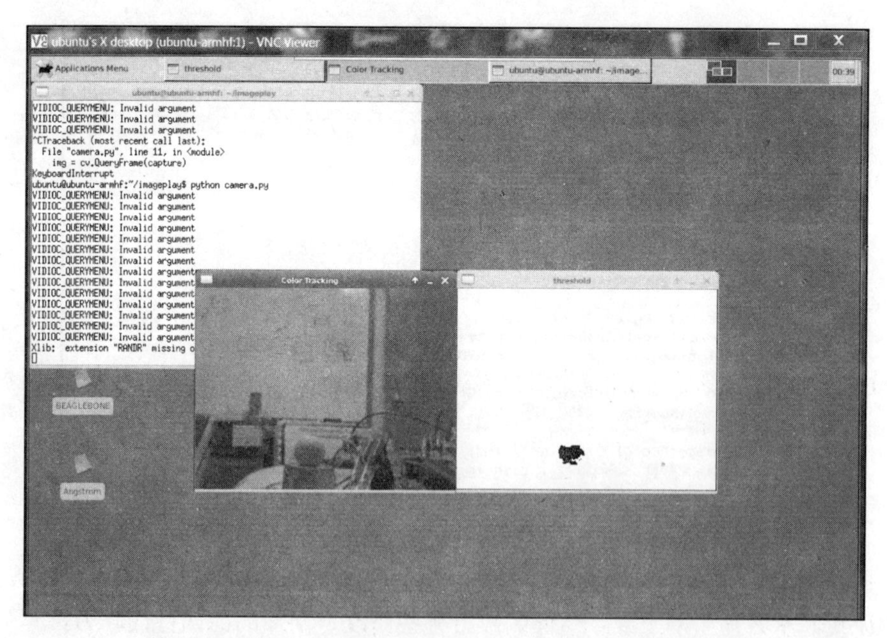


注意到白色像素部分标出了球体的位置，可以增加更多的 OpenCV 代码，给出球体的实际位置。可以在原始图像中为球体画一个方框。按照下图所示的方式修改 camera.py 文件：

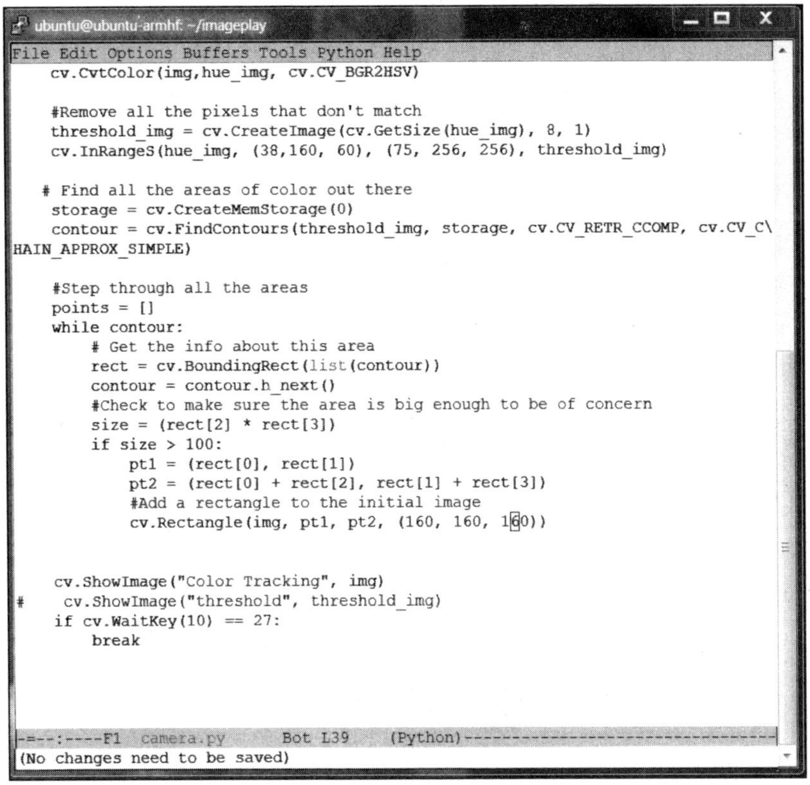

```
ubuntu@ubuntu-armhf: ~/imageplay
File Edit Options Buffers Tools Python Help
    cv.CvtColor(img,hue_img, cv.CV_BGR2HSV)

    #Remove all the pixels that don't match
    threshold_img = cv.CreateImage(cv.GetSize(hue_img), 8, 1)
    cv.InRangeS(hue_img, (38,160, 60), (75, 256, 256), threshold_img)

   # Find all the areas of color out there
    storage = cv.CreateMemStorage(0)
    contour = cv.FindContours(threshold_img, storage, cv.CV_RETR_CCOMP, cv.CV_C\
HAIN_APPROX_SIMPLE)

    #Step through all the areas
    points = []
    while contour:
        # Get the info about this area
        rect = cv.BoundingRect(list(contour))
        contour = contour.h_next()
        #Check to make sure the area is big enough to be of concern
        size = (rect[2] * rect[3])
        if size > 100:
            pt1 = (rect[0], rect[1])
            pt2 = (rect[0] + rect[2], rect[1] + rect[3])
            #Add a rectangle to the initial image
            cv.Rectangle(img, pt1, pt2, (160, 160, 160))


    cv.ShowImage("Color Tracking", img)
#     cv.ShowImage("threshold", threshold_img)
    if cv.WaitKey(10) == 27:
        break


-=--:----F1  camera.py      Bot L39     (Python)--------------------------------
(No changes need to be saved)
```

首先，增加下列代码：

```
  # Find all the areas of color out there
    storage = cv.CreateMemStorage(0)
    contour = cv.FindContours(threshold_img, storage, cv.CV_RETR_
CCOMP, cv.CV_C\
HAIN_APPROX_SIMPLE)
```

这些代码寻找所有在门限范围内的区域。可能会不止一个，所以希望抓取所有的。为此添加了一个 while 循环，扫描所有可能的轮廓。

```
    #Step through all the areas
    points = []
    while contour:
```

顺便说一句，如果背景中有一个更大的绿色物体，你会发现这个物体。为了简化起见，假设只有一个绿球。下面的几行代码将获取每个轮廓信息。现在希望去标识角落，那么可以检查该关注的区域是否足够大。如果是，则在原始图像中添加一个方框，标示出所识别出的位置。

```
# Get the info about this area
rect = cv.BoundingRect(list(contour))
contour = contour.h_next()
#Check to make sure the area is big enough to be of
    concern
size = (rect[2] * rect[3])
if size > 100:
    pt1 = (rect[0], rect[1])
    pt2 = (rect[0] + rect[2], rect[1] + rect[3])
    #Add a rectangle to the initial image
    cv.Rectangle(img, pt1, pt2, (38, 160, 60))
```

至此，代码已经就绪，可以运行了。将看到类似于下图的显示：

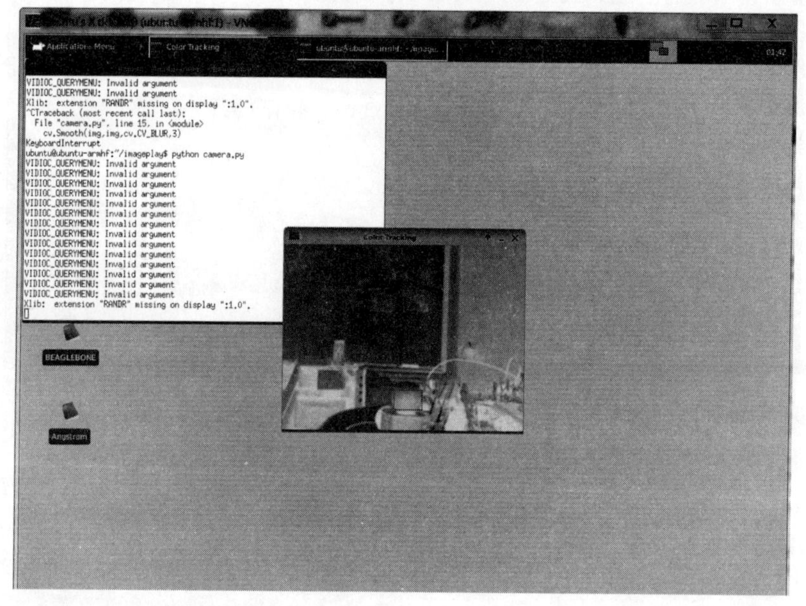


现在你可以跟踪物体了！

### 4.4.3 任务完成-小结

代码已经完成，你可以修改色彩，或则增加更多的色彩。也得到了物体的位置，你可以跟随该物体，或者是以某种方式进行处理。

### 4.4.4 补充信息

OpenCV是一个功能强大的视觉库。可以用它来完成很多不可思议的工作，而只需要少量的代码。另外一个可以添加的常用特性是运动检测。如果你希望尝试，有很多好的指南可供参考：

- http://derek.simkowiak.net/motion-tracking-with-python/
- http://stackoverflow.com/questions/3374828/how-do-i-trackmotion-using-opencv-in-python
- https://www.youtube.com/watch? v=8QouvYMfmQo
- https://github.com/RobinDavid/Motion-detection-OpenCV

## 4.5 任务完成

你的机器人既可以听到声音，也可以看到物体了！你可以发出命令，并通过摄像头对外界的变化做出反应。接着，还可以通过电机，伺服电机和其他方式增加机器人的移动性。

## 4.6 挑战

连接摄像头提供了多种额外的能力。一种绝对灵巧的设备是 Xbox 的 Kinect。该设备不仅提供了视频，还通过红外装置提供了景深信息。有开发者正在 BeagleBone Black 上使用 Kinect。在 Ubuntu 上有许多库可以使用 Kinect。如果你希望尝试，那么购买一个 Kinect，然后按照网页 http://speculatrix.tumblr.com/post/23043561344/kinect-on-the-beagleboard-and-Ubuntu 或者 http://kinepeutics.blogspot.com/2012/04/ethernet-working-installingkinect.html 上的说明进行实践。需要提醒的是，这样的任务不适合初学者。今后，我们会讨论机器人操作系统，这会让这些任务变得更为简单。

同时，可以使用两台摄像头，通过 OpenCV 获取 3D 视觉。有许多地方提供样例代码，例如在 OpenCV 的 samples/cpp 目录下，提供了 `stereo_match.cpp`。更多的样例代码，可以访问 http://code.google.com/p/opencvstereovision/source/checkout。

# 第 5 章

# 让机器人运动——控制轮式移动

机器人不仅能与你“交谈”，还具有一定的视觉能力。现在可以使用轮子让机器人移动起来。

## 5.1 任务简述

能让机器人移动起来最容易的方式是增加轮式平台。在这个任务中，将介绍很多有关控制直流电机的基础，以及使用 BeagleBone Black 控制轮式平台的速度与方向的方法。

### 5.1.1 亮点展示

即使你可以与机器人对话，机器人可以回答并且也有视觉，但只有当具备了运动能力才能被真正称为机器人。在本次任务中，你会从机械和电子方面全方位学习如何在 BeagleBone Black 上安装轮式平台。运动，还有比这个更加激动人心的吗？

**下载样例代码和彩色图片**

可以通过访问 http://www.huaxin.com.cn 获取本书的样例代码和彩色图片。也可以通过访问 http://www.packtpub.com/support 网页得到这些文件。

### 5.1.2 目标

在本项目中，你将实现：

- 使用电机控制器控制平台速度。
- 在 BeagleBone Black 通过编程控制移动平台
- 通过语音指令控制平台移动。

### 5.1.3 任务检查清单

本任务需要增加一些硬件，主要是轮式或是履带式平台，才能为机器人提供移动的能力。市面上有很多选择，有些是完全组装的，有些是需要部分组装的，或者通过购买零件，自行构建定制化的移动平台。整本书中，假设你不希望去做焊接或者是机械加工的工作，所以我们主要关注那些完全组装好的或者只需要通过简单工具(螺丝刀或钳子)便可完成组装的设备。下面就是这些物品的列表：

1. 最简单的移动平台具有两个直流电机，每个电机控制一个轮子，在前部或后部有一个小球，如下图所示。图中设备为 Magician Chassis，来自 SparkFun。

还需要一些组装工作，不过非常简单。对于两轮的平台，还有更多的选择，可参考网页 http://www.robotshop.com/2-wheeled-development-platforms-1.html。也可以选择履带式平台。履带式平台的牵引力更大，但是灵活性不足，转弯轨迹过长。此外，厂家还提供预装配单元。下图所示是一款预装配的履带式平台，由 Dagu 制造。该平台名称为 Dagu Rover 5 Tracked Chassis。

2. 因为有了移动平台，你需要为 BeagleBone Black 提供移动电源。我个人喜欢使用一个外置的 5 V 可充电手机电池，在很多地方都可以购买到。这些电池可以通过 USB 口充电。选择带有两个 USB 输出连接器的，因为同时需要两个接口：一个给 BeagleBone Black，一个给 USB hub。如下图所示：

3. 此外，还需要 USB 连接线，用来将移动电源和 BeagleBone Black 连接到一起，也可以使用 BeagleBone Black 自带的 USB 线。
   使用自供电的 USB hub，只不过这次用移动电源供电。
4. 为了给 USB hub 供电，购买一根 USB 线，连接到 hub 上。我的 USB hub 需要一个 USB 转原型插头（规格：5.5 毫米外径/2.1 毫米内径）的直流电源线。可以从 www.amazon.com 购买到，非常便宜。CAT5 线缆是局域网网线。下图显示了采用移动电源供电的连接方式。

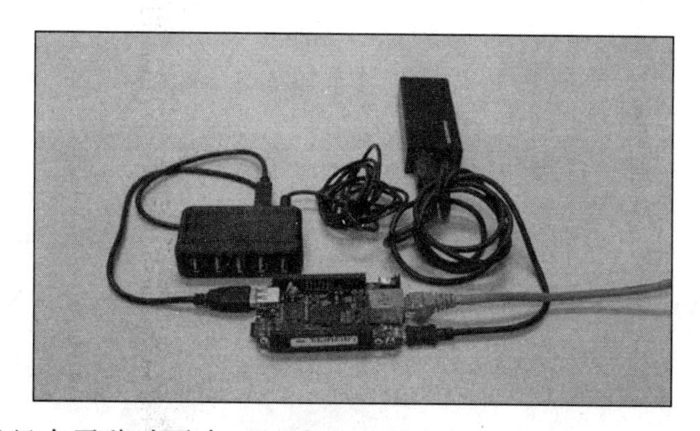

5. 现在已经有了移动平台，还需要一些硬件用来连接 BeagleBone Black，将 BeagleBone Black 的控制信号转换为对电压的控制，从而控制电机的速度。不幸的是，BeagleBone Black 无法向电机提供足够的电流，所以需要使用专门的电路。强烈建议采购电机控制器，而不是自己制作一个。有很多选择，不过，建议使用不需要内部编程，并且可以通过 USB 接口来控制电机的控制器。你需要采购一对，虽然价格高一些，但是会减少很多烦锁工作。这里是一个来自于 Pololu(www. pololu. com)的简单电机控制器：Pololu #1372 简单马克达控制器 18V7(已装配)。实物如下图所示：

采购该款电机时，一定要确保购买的是已装配的版本，因为还有没装配的版本。

该款电机可以将 USB 命令转变为对电机电压的控制，因为要控制两个电机，所以一共需要两个电机。同时，还要将该控制器通过 USB 连接到 BeagleBone Black，所以需要一个 USB hub 和两个 USB A 到 mini-B 的转接线。

6. 最后，需要两根线束，不长于 2 英寸，两端剥皮。可以买到这样的线束，名称为公头–公头跳线，可以从 www. pololu. com 或者 www. amazon. com 购买到。还有公头–母头以及母头–公头的版本。下图所示是我最近买到的线束：

选择这样的线束的好处是可以不用焊接。

现在我们已经有了所需要的所有硬件，让我们浏览一下关于系统如何工作的快速指南，然后按照指导，一步步地让机器人移动起来。

## 5.2 使用电机控制器控制平台的速度

让平台移动的第一步是增加电机控制器。这使得我们能够独立控制每个轮子（或履带）的速度。

### 5.2.1 任务准备

在开始之前，先用一些时间来理解电机控制的基本原理。无论选择了两轮移动平台或者是履带平台，基本的运动控制是相同的，都是由电机驱动平台的移动。如果前进方向是直线，则两个电机以相同的速率运转。如果需要转弯，则两个电机工作在不同的速度。移动平台也可以转圈，只要一个电机前进，另一个电机后退。

直流电机是控制起来很直接的设备。电机的速度和前进方向是由电压的幅度与极性所控制的。电压越高，电机转速越快。如果翻转了电压的极性，那么可以让电机反转。

不过，电压的幅度和极性不是控制电机的唯一重要因素。驱动移动平台的电机功率同样也取决于提供的电压和电流。

BeagleBone Black 上的 GPIO 可以用来产生控制电压，并驱动电机。但是，由于

GPIO 管脚由处理器直接驱动，所以无法产生足够的电流，因此电机将无法产生足够的动力来驱动平台移动，同时，还会对 BeagleBone Black 产生物理上的损害。这就是为什么需要电机控制器的原因。电机控制器提供了足够的电流和电压，从而确保平台可靠的移动。所以，我选择了两个由 USB 直接控制的电机控制器，保证了连接和编程都足够简单。

### 5.2.2 任务执行

第一步是将电机控制器连接到平台。有两个连接环节：将电池连接到控制器，控制器连接到电机。

为了连接电池，找到电池仓的输出连接器。在轮式平台上，需要做一些额外的工作，因为电池的连接器有一个盖子。打开盖子，剥开导线绝缘层，露出半英寸长的金属导体，如下图所示：

在电机控制器的背部，注意到丝印标识 VIN，OUTB，OUTA 和 GND，如下图所示：

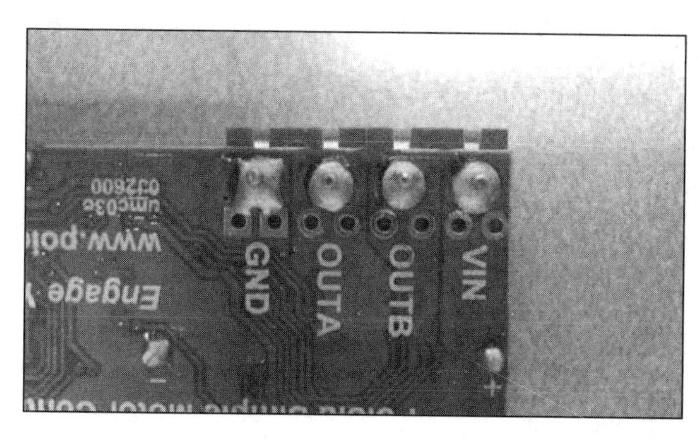


一旦准备好电池盒，将导线插入到电机控制器上标记为 VIN 和 GND 的蓝色连

接器上。VIN 连接电池的正极，GND 连接电池的负极。OUTA 和 OUTB 是直流电机的控制信号。电池仓一侧的导线有两根，一根线是红色。将该线的末端插入到 VIN 连接器，然后拧紧螺丝。另外，还有一根黑色的线，将该线插入到标记为 GND 的连接器，并拧紧螺丝。

安装好的电池盒如下图所示：

现在连接其中一个电机到电机控制器，将有公头连接器的红色和黑色导线连接到蓝色的带螺丝连接器上，其中红线连接到 OUTA，黑线连接到 OUTB。为了测试平台，将其翻转过来。整个系统如下图所示：

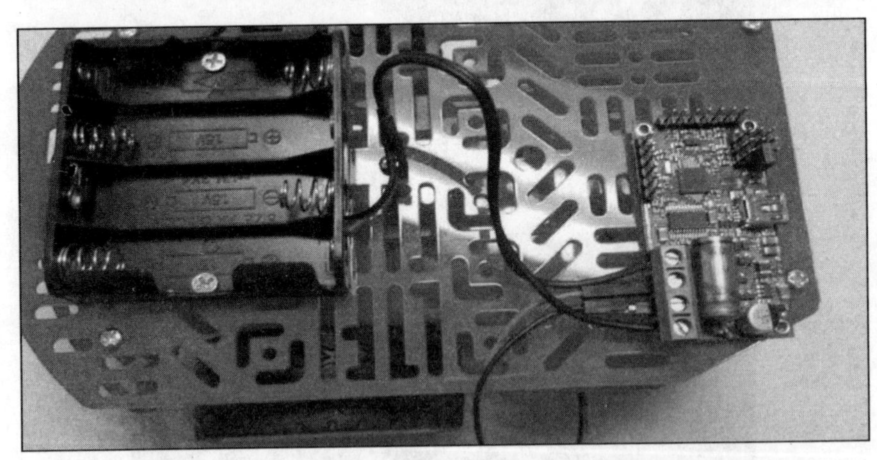

现在可以使用 Pololu 提供的软件来测试系统。如果是在 Windows 计算机上，从网址 http://www.pololu.com/docs/0J44/3.1 下载 Windows 驱动程序。解压后安装，然后将电机控制器通过 USB 线连接到计算机，启动软件。可以看到如下图所示的界面：

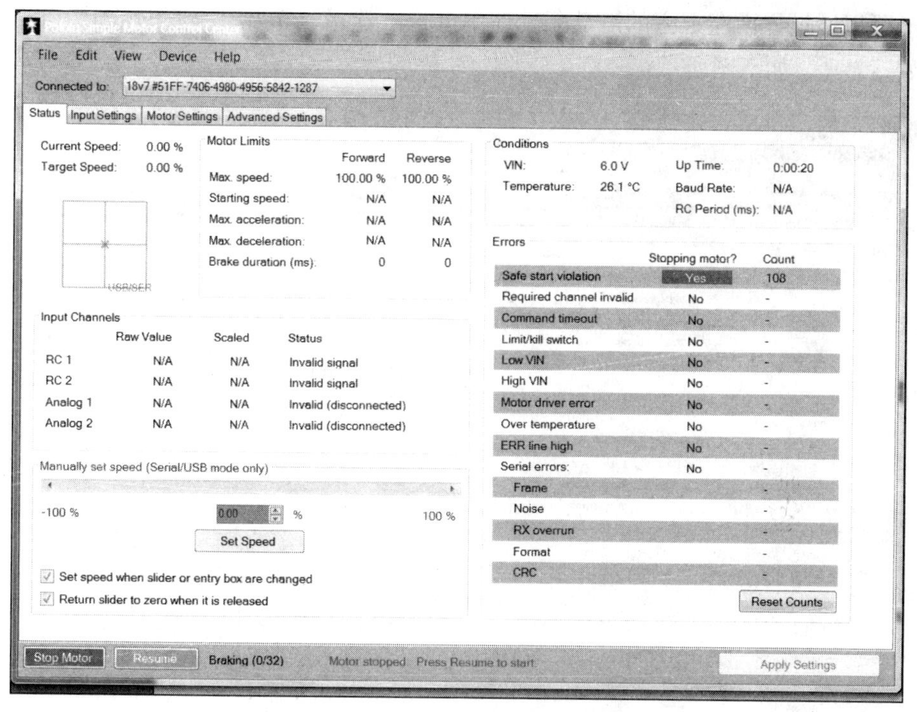


第一次进入该软件时，“Safe start violation”一栏被设置。单击屏幕左下角的 Resume 按钮，可清除此设置。软件的主界面显示如下：

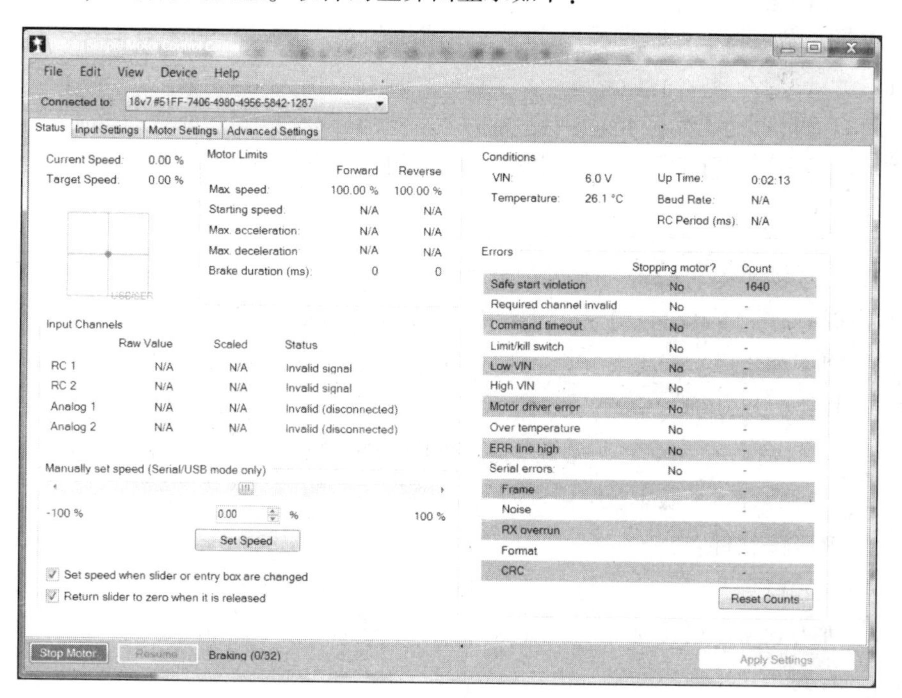

可以通过界面左下方的滑动条来控制电机。选择一个大于0%的数值，电机就开始运转了，如下图所示：

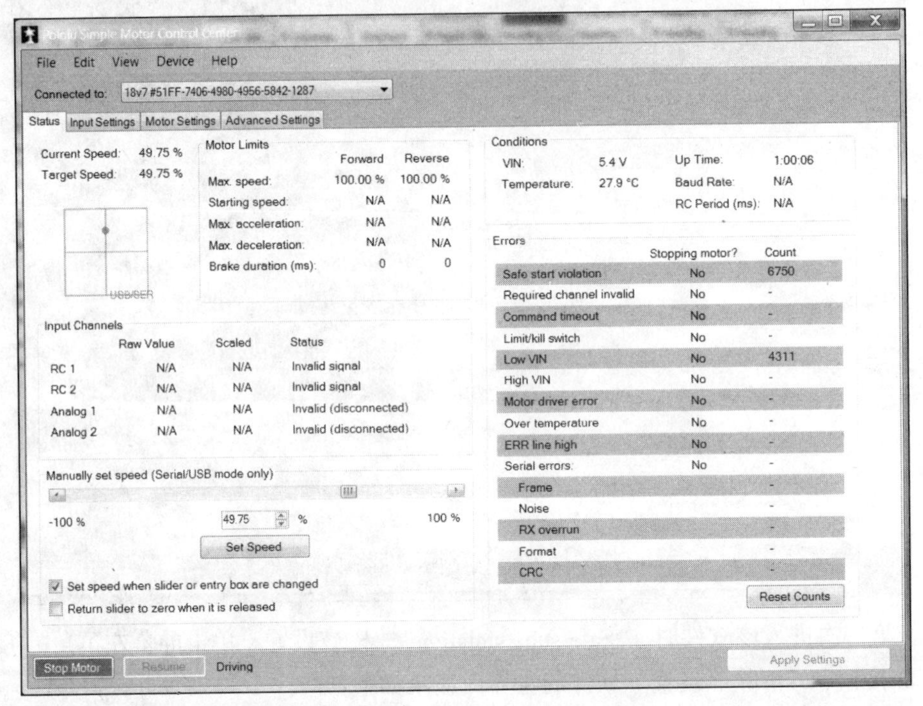


电机开始运转了，你能够控制直流电机了！对于第二个电机请重复上述操作过程。

可以通过 BeagleBone Black 对电机进行一些有限的控制。如果打算远程操作，使用 PuTTY 登录到 BeagleBone Black。然后打开一个 vncview 会话，这样可以访问浏览器。如果安装了显示器，可以直接登录。然后，进行如下的操作：

1. 打开浏览器，输入与电机控制器的 Linux 版本相关的网址 http://www.pololu.com/docs/044/3.2。这是一个 Linux 版本的测试软件。单击 Save File 按钮下载代码。
2. 将代码移动到 home 目录，进入到 `Download` 目录，然后使用 `mv` 命令：`mv smc-linux-101119.tar.gz`(版本不同，文件名中的数字也会不同。网站上只会有一个版本，使用该版本)。
3. 解压该软件：`tar-xzvfsmc-linux-101119.tar.gz`，产生新目录 `smc-linux`。
4. 进入到新目录 `smc-linux`(`cd` 命令)，然后显示文件清单(`ll` 命令)。可以看到：

```
ubuntu@ubuntu-armhf:~/smc_linux$ ll
total 364
drwxr-xr-x  2 ubuntu ubuntu   4096 Nov 20  2010 ./
drwxr-xr-x 21 ubuntu ubuntu   4096 Aug 28 23:29 ../
-rw-r--r--  1 ubuntu ubuntu     55 Nov 20  2010 99-pololu.rules
-rw-r--r--  1 ubuntu ubuntu   1523 Nov 20  2010 README.txt
-rw-r--r--  1 ubuntu ubuntu  36864 Nov 20  2010 Smc.dll
-rwxr-xr-x  1 ubuntu ubuntu 232960 Nov 20  2010 SmcCenter*
-rwxr-xr-x  1 ubuntu ubuntu  23552 Nov 20  2010 SmcCmd*
-rw-r--r--  1 ubuntu ubuntu  41984 Nov 20  2010 UsbBootloader.dll
-rw-r--r--  1 ubuntu ubuntu  12800 Nov 20  2010 UsbWrapper.dll
ubuntu@ubuntu-armhf:~/smc_linux$
```

5. 在 README. txt 文件中，定义了两个步骤：

 ➢ 首先，下载一些额外的软件。为此，输入 `sudo apt-get install libusb-1.0-0-dev mono-runtime libmono-winform2.0-cil`。

 ➢ 其次，为了能够具有访问硬件的权限，需要复制一个文件。为此，输入 `sudocp 99-pololu.rules/etc/udev/rules.d/`，这样所有的用户都可以访问该硬件。

6. 现已插入电机控制到可供电的 USB hub 上了，然后将 USB hub 插入到 BeagleBone Black，如下图所示：

7. 此时，在 BeagleBone Black 上需要执行 `sudo reboot` 命令，使得系统能够识别电机控制器。然后，直接登录系统，或者通过 PuTTY 登录。遗憾的是，无法在 BeagleBone Black 上运行图形化应用程序，所以就无须建立 vncview 会话，但是可以运行 `SmcCmd` 程序，用来配置和控制电机控制器。输入 `./SmcCmd` 命令，得到与电机控制器进行交互的一系列选择，如下图所示：

```
ubuntu@ubuntu-armhf:~/smc_linux$ ./SmcCmd
SmcCmd: Configuration and control utility for the Simple Motor Controller.
Version: 1.1.0.0
Options:
 -l, --list                   list available devices
 -d, --device SERIALNUM       (optional) select device with given serial number
 -s, --status                 display complete device status
     --stop                   stop the motor
     --resume                 allow motor to start
     --speed NUM              set motor speed (-3200 to 3200)
     --brake NUM              stop motor with variable braking.  32=full brake
     --restoredefaults        restore factory settings
     --configure FILE         load settings file into device
     --getconf FILE           read device settings and write to file
     --bootloader             put device in bootloader (firmware upgrade) mode
Options for changing motor limits until next reset:
     --max-speed NUM          (3200 means no limit)
     --max-speed-forward NUM  (3200 means no limit)
     --max-speed-reverse NUM  (3200 means no limit)
     --max-accel NUM
     --max-accel-forward NUM
     --max-accel-reverse NUM
     --max-decel NUM
     --max-decel-forward NUM
     --max-decel-reverse NUM
     --brake-dur NUM          units are ms.  rounds up to nearest 4 ms
     --brake-dur-forward NUM  units are ms.  rounds up to nearest 4 ms
     --brake-dur-reverse NUM  units are ms.  rounds up to nearest 4 ms
ubuntu@ubuntu-armhf:~/smc_linux$
```

8. 首先，输入./SmcCmd -s 命令。该命令会显示设备的状态，结果如下图所示：

```
ubuntu@ubuntu-armhf:~/smc_linux$ ./SmcCmd -s
Model:            Pololu Simple Motor Controller 18v7
Serial Number:    51FF-7406-4980-4956-5842-1287
Firmware Version: 1.04
Last Reset:       Power-on reset

Errors currently stopping motor:
  Safe start violation

Errors that occurred since last check:
  Safe start violation

Serial errors that occurred since last check: None

Active limits:
  Motor not started

Channel   Unlimited     Raw   Scaled
RC 1            N/A     N/A      N/A
RC 2            N/A     N/A      N/A
Analog 1        N/A     N/A      N/A
Analog 2        N/A     N/A      N/A

Current Speed:   0
Target Speed:    0
Brake Amount:    0
VIN:             5521 mV
Temperature:     24.8 ?C
RC Period:       N/A
Baud rate:       N/A
Up time:         0:20:22.081

Limit                Forward  Reverse
Max. speed              3200     3200
Starting speed             0        0
Max. acceleration        N/A      N/A
Max. deceleration        N/A      N/A
Brake duration             0        0
ubuntu@ubuntu-armhf:~/smc_linux$
```

9. 现在，可以向电机控制器发出命令。首先，需要清除停止电机运转的错误，即默认的 Safe start violation。输入命令：`./SmcCmd--resume`。然后发出命令：`./SmcCmd--speed 1000`，电机就开始旋转。通过命令`./SmcCmd--stop` 停止电机运转。

### 5.2.3 任务完成-小结

至此，电机已经能够运转，下一步可以将两个电机控制器都插入到 USB hub，然后使用 BeagleBone Black 同时控制两个电机控制器。

## 5.3 在 BeagleBone Black 上编程控制移动平台

已经可以让电机控制器工作起来，接下来需要将两个电机控制器都连接到 BeagleBone Black。本任务将会就此进行介绍，然后展示如何通过软件控制整个平台。

### 5.3.1 任务准备

现在可以将两个电机控制器连接到电池和电机上，让我们先从电机控制器开始。由于采用螺丝固定，电机控制器上的连接器很容易连接，无须进行任何的焊接。

首先，将电池的 VIN 和 GND 连接到其中的一个电机控制器上。然后，将两根短跳线之一连接到 VIN 连接器。然后，将第二根跳线连接到 GND 连接器，如下图所示：

接着，将 VIN 和 GND 连接器上的螺丝拧紧。将两根跳线的另一端安装到另一个电机控制器的 VIN 和 GND，然后拧紧螺丝。这样，两个电机控制器都有了电源连接[①]。

下一步是将每个电机连接到各自的电机控制器上。取出电机上红色和黑色的

① 相当于将两个电机控制器并联，连接到一个电池盒上。——译者注

导线，将它们安装到 OUTA 和 OUTB 连接柱上，其中红色导线连接到 OUTA 连接柱上，黑色导线连接到 OUTB 连接柱上，如下图所示：

现在，需要将 BeagleBone Black 和 USB hub 连接到电机控制器上。首先，使用 USB 线将电机控制器与 USB hub 相连，然后将 USB hub 连接到 BeagleBone Black 上。连接方式如下图所示：

一旦完成上述连接，就可以在移动平台上配置所有硬件了，安装完毕的情形如下图所示：

我个人喜欢使用很多扎带进行固定，不过如果希望看起来更加美观，也可以使用螺钉和螺母的方式进行固定。

### 5.3.2 任务执行

建议先使用Python作为控制器电机的语言。因为编程，运行和调试都非常直接。当然，也可以访问Pololu的网站www.pololu.com，找到使用C语言控制电机的说明。

第一个编写的Python程序如下图所示：

```
File Edit Options Buffers Tools Python Help
#!/usr/bin/python

import serial
import time
class MotorControllerOne(object):
    def __init__(self, port= "/dev/ttyACM0"):
        self.ser = serial.Serial(port = port)
    def exitSafeStart(self):
        command = chr(0x83)
        self.ser.write(command)
        self.ser.flush()
    def setSpeed(self, speed):
        if speed > 0:
            channelByte = chr(0x85)
        else:
            channelByte = chr(0x86)
        lowTargetByte = chr(speed & 0x1F)
        highTargetByte = chr((speed >> 5) & 0x7F)
        command = channelByte + lowTargetByte + highTargetByte

        self.ser.write(command)
        self.ser.flush()
    def close(self):
        self.ser.close()

if __name__=="__main__":

    motor1 = MotorControllerOne()
    motor1.exitSafeStart()
    time.sleep(.2)
    motor1.setSpeed(int(2000))
    time.sleep(1)
    motor1.setSpeed(int(0))
    time.sleep(1)

-=-:---F1  dcmotor.py     All L1     (Python)-----------------------------
For information about GNU Emacs and the GNU system, type C-h C-a.
```

进入到smc_linux目录，然后输入emacs dcmotor.py(如果使用其他编辑器，可使用文件名dcmotor.py)。现在开始输入程序，请按照以下的步骤进行：

1. 第一行允许程序可以脱离Python环境运行，将来使用语音命令执行代码时会用到。
2. 接下来一行导入了串口库。需要使用串口与电机控制器进行通信。
3. 定义的MotorControllerOne类包含了四个函数。__init__函数将电机控制器与特定的串口关联，此处串口为ttyACM0。exitSafeStart函数通知电机希望其运行，去除掉默认的safe start设置。setSpeed函数将speed设置转化为电机能够理解的串口命令，并发出该命令。Close函数在退出程序时关闭串口。

4. “if __name__ == ”__main__”部分是主程序。第一行初始化电机控制器，第二行通知电机控制器退出默认的安全启动模式，第三行是 200 毫秒的延迟，第四行设置电机的转速为 2 000，等待 1 秒后，第五行通知电机停止旋转(设置速度为 0)，最后一行是 1 秒的延时。
5. 为了运行该程序，需要安装串口库。输入命令 sudo apt-get install Python-serial，然后将自己加入到 dialout 组，输入命令 sudoadduse-rubuntudialout。最后，执行 sudo reboot 重启系统使修改生效。
6. 现在可以运行程序了。输入 Python dcmotor.py 命令。电机应该会运转 1 秒，然后停止。这样就可以通过 Python 控制电机了。此外，如果希望能够从命令行直接执行该程序，则执行命令：chmod +x dcmotor.py。如果此时执行 ll 命令，可以看到该程序文件名显示已经变绿，表示可以直接执行了。现在，只要输入./dcmotor.py 就可以。
7. 最后一步是为第二个电机建立控制器。为此，增加一个 MotorControlle-rTwo 类，该类是 MotorControllerOne 类的副本，除了端口变为 tty-ACM1。代码如下图所示：

```
        self.ser.close()

class MotorControllerTwo(object):
    def __init__(self, port= "/dev/ttyACM1"):
        self.ser = serial.Serial(port = port)
    def exitSafeStart(self):
        command = chr(0x83)
        self.ser.write(command)
        self.ser.flush()
    def setSpeed(self, speed):
        if speed > 0:
            channelByte = chr(0x85)
        else:
            channelByte = chr(0x86)
        lowTargetByte = chr(speed & 0x1F)
        highTargetByte = chr((speed >> 5) & 0x7F)
        command = channelByte + lowTargetByte + highTargetByte

        self.ser.write(command)
        self.ser.flush()
    def close(self):
        self.ser.close()

if __name__=="__main__":

    motor1 = MotorControllerOne()
    motor2 = MotorControllerTwo()
    motor1.exitSafeStart()
    motor2.exitSafeStart()
    time.sleep(.2)
    motor1.setSpeed(int(2000))
    motor2.setSpeed(int(2000))
    time.sleep(1)
    motor1.setSpeed(int(0))
    motor2.setSpeed(int(0))
    time.sleep(1)

-=--:**--F1  dcmotor.py     Bot L42    (Python)----------------------
```

在主程序部分，也需要复制代码，让 motor1 和 motor2 完成同样的工作。不需要复制 time.sleep 语句，因为这只是固定延时。现在可以运行程序，两个电机应该都会运转。一个重要方面需要注意，由于 Linux 不是实时操作系统，所以两个电机无法保证正好同时打开，不过，通常只会有几毫秒的间隔，对于我们的使用场合是没有问题的。我所搭建的平台有点小问题，为了再次执行程序，必须执行 sudo reboot，然后使用 PuTTY 再次登录后，复位 USB。同样，可能还需要发出./SmcCmd--resume 命令，用来复位电机控制器。虽然有些麻烦，但是确实有效的。

### 5.3.3 任务完成-小结

现在已经了解了控制移动平台的基本原理，可以增加更多的 setSpeed 命令让平台移动。设置两个电机转速为正，可以驱动移动平台前进，设置两个电机转速为负，能让平台后退。只让一个电机工作可以让移动平台转动，或者让两个电机以相反的方向转动。

### 5.3.4 补充信息

目前使用的移动平台拥有两个直流电机，但可以很容易添加更多的电机。有很多移动平台能够提供四个电机，可以驱动四个轮子。在这种情况下，只需要增加额外两个电机控制器，然后更新代码中四个 MotroController 类即可。

## 5.4 通过语音命令控制移动平台的运动

### 5.4.1 任务准备

你已经拥有了移动平台，并且能够用软件控制它以各种方式运动。不过，仍然需要连接着局域网网线，所以还不能算是真正的移动。并且，一旦开始运行程序，就无法改变程序的行为。在本次任务中，我们将利用第 2 章介绍的原理，使用语音命令来控制运动。

### 5.4.2 任务执行

需要修改语音识别程序，使之能够在接收到语音命令后执行 Python 程序。如果对于这部分内容有些生疏，可以回头看看第 2 章。只需要对/home/Ubuntu/pocketsphinx-0.8 目录下的 continuous.c 程序作出简单修改就可以。输入命令：cd/home/Ubuntu/pocketsphinx-0.8/src/programs，然后输入

emacscontinuous.c。修改的方法与其他现有的语音命令方式一样，具体如下图所示：

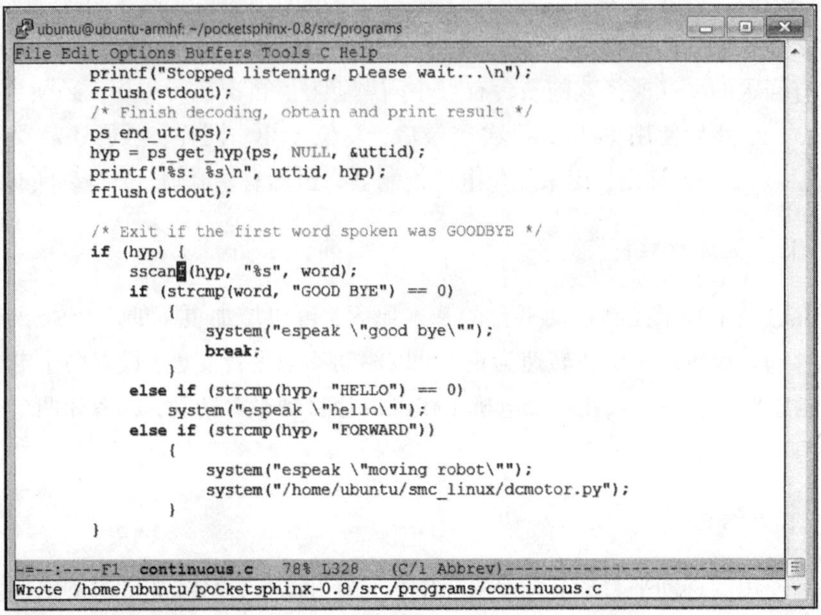

```
ubuntu@ubuntu-armhf: ~/pocketsphinx-0.8/src/programs
File Edit Options Buffers Tools C Help
        printf("Stopped listening, please wait...\n");
        fflush(stdout);
        /* Finish decoding, obtain and print result */
        ps_end_utt(ps);
        hyp = ps_get_hyp(ps, NULL, &uttid);
        printf("%s: %s\n", uttid, hyp);
        fflush(stdout);

        /* Exit if the first word spoken was GOODBYE */
        if (hyp) {
            sscanf(hyp, "%s", word);
            if (strcmp(word, "GOOD BYE") == 0)
                {
                    system("espeak \"good bye\"");
                    break;
                }
            else if (strcmp(hyp, "HELLO") == 0)
                system("espeak \"hello\"");
            else if (strcmp(hyp, "FORWARD"))
                {
                    system("espeak \"moving robot\"");
                    system("/home/ubuntu/smc_linux/dcmotor.py");
                }
        }

-=--:----F1  continuous.c    78% L328    (C/l Abbrev)------------------------
Wrote /home/ubuntu/pocketsphinx-0.8/src/programs/continuous.c
```

增加的代码部分非常容易理解，下面逐个解释。

1. else if (strcmp(hyp,“FORWARD”)==0)：判断识别出的单词。如果为 FORWARD，就执行后面跟着的，包含在{}内的语句。
2. system("espeak \"moving robot\"")：执行 espeak，告诉我们准备去运行你的机器人程序。需要输入\"，因为 " 字符在 Linux 中是特殊字符，如果你需要的是 " 字符，必须在前面加上转义字符 \。
3. system("/home/Ubuntu/smc_linux/dcmotor.py")：执行的程序。在这种情况下，移动平台可以执行任何 dcmotor.py 程序设定的动作。

完成上述修改之后，需要重新编译程序，输入 make，可执行程序 pocketsphinx_continuous 会被创建。输入命令./pocketsphinx_continuous 执行该程序。断开以太网网线，移动平台可以识别出 forward 语音命令，并执行相应的程序。

### 5.4.3 任务完成-小结

你现在已经拥有了一个完整的移动平台！移动平台可以按照你的程序进行移动。

### 5.4.4 补充信息

不必把所有的功能都写在一个程序中，可以创建多个程序，每个程序有着不同的功能，然后通过语音命令调用相应的程序。可能一个程序是控制机器人向前移动的，另一个程序控制向后移动，还有一个是控制右转或左转的。

## 5.5 任务完成

现在你已经拥有了一个可以运动的移动平台了，并且还可以使用你的声音来指挥它。在下一章，我们将介绍一种不同的，用脚走路的移动平台。

## 5.6 挑战

你已经知道如何为 BeagleBone Black 项目添加视觉的功能。所有，一个更有意义的能力是让机器人跟踪依附在目标上的彩色物体。

记还记得怎样使用 OpenCV 来寻找彩色目标，然后在视野中找到位置(左或右，上或下)吗？可以利用这个能力来决定如何移动你的移动平台：向左或向右，前进或后退。自己尝试一下，然后看看你的机器人能否按照目标进行移动。

## 第6章

# 让机器人运动更灵活——学会用腿走路

前面的章节介绍了轮式和履带式移动。非常酷，但是如何让机器人在不平坦的地面行走呢？现在我们就来让机器人通过腿的行走，实现更加灵活的运动能力。

## 6.1 任务简述

前面已经介绍了使用轮式/履带式底座构建机器人的方法。本章将会介绍关于伺服电机的基本原理，以及如何使用 BeagleBone Black 控制腿的速度和方向。下图所示是任务完成后的实物图：

### 6.1.1 亮点展示

虽然已经学会了通过增加轮子或履带让机器人运动起来，但是这样的移动平台只能在光滑、平坦的表面移动。很多时候，更希望机器人也能在不光滑、不平坦的环境下行走，甚至是可以上楼或马路牙子。在本章中，你将会学习如果将 Beagle-

Bone Black 连接到一个有腿的平台上，包括机械连接和电气连接，这样机器人就能够在很多环境下移动。机器人可以走路，还有什么能比这更加让人惊奇的？

### 6.1.2 目标

本章中，你将会学到：

- 使用伺服电机控制器将 BeagleBone Black 连接到移动平台。
- 创建一个在 Linux 环境下运行的程序，用来控制移动平台。
- 通过语音命令让移动平台按指令运动。

**下载样例代码和彩色图片**

可以通过访问 http://www.huaxin.com.cn 获取本书的样例代码和彩色图片。也可以通过访问 http://www.packtpub.com/support 网页得到这些文件。

### 6.1.3 任务检查清单

此任务中，需要新增一个腿式平台，从而能够让机器人行走。以下是所需部件清单：

- 一个有腿的机器人：有很多种选择，有些是完全组装好的，有些需要少量的组装工作，也可以只选择零部件，完全由自己来组装。此外，同样假设你不希望亲自做任何与焊接或机械加工相关的工作，所以我们只选择那些已经完全组装好的，或者只需要通过一些简单工具(例如螺丝刀或者钳子)就可以安装的设备。

  一种特别容易的有腿移动平台具有两条腿和四个伺服电机，如下图所示：

因为编程非常简单，也无需很多经验，只需要四个伺服电机即可，所以可以在本章中使用这样的平台。为此，必须采购零件并自行组装。可以在网址 http://www.lynxmotion.com/images/html/build112.htm 寻找零件列表和指南。另外一种获取到所有机械零件(除伺服电机之外)的简单方法是购买一个具有六自由度(DOF)的两足机器人，其中包含了用来构建四伺服两足机器人的所有部件。六自由度两足机器人可以在 eBay 上搜索并购买，也可以访问 http://www.robotshop.com/2-wheeled-development-platforms-1.html。

- 还需要购买伺服电机。对于此类机器人，可以选用标准尺寸的伺服电机。我个人喜欢使用 Hitec HS-311 或者是 HS-322，它们价格不高，但是功能很强。可以从亚马逊或者是 eBay 上购买。下图所示为 HS-311：

- 如同前一章，BeagleBone Black 还需要一个移动电源。我个人喜欢使用手机上的可充电电池，在手机商店都可以买到。选择具有两个 USB 接口的，因为还需要同时为 USB hub 供电。下图所示的移动电源可以很好地安装在腿式平台上。

- 还需要一根 USB 线，用来连接 BeagleBone Black 与电池，不过可以直接使用 BeagleBone Black 自带的 USB 线。如果需要连接 USB hub，需要一根 USB 转直流插头的适配器。
- 同时，还需要将电池连接到伺服电机控制器。下面是四节 AA 电池仓的图片，在大多数电子商店或者是亚马逊都可以买到。

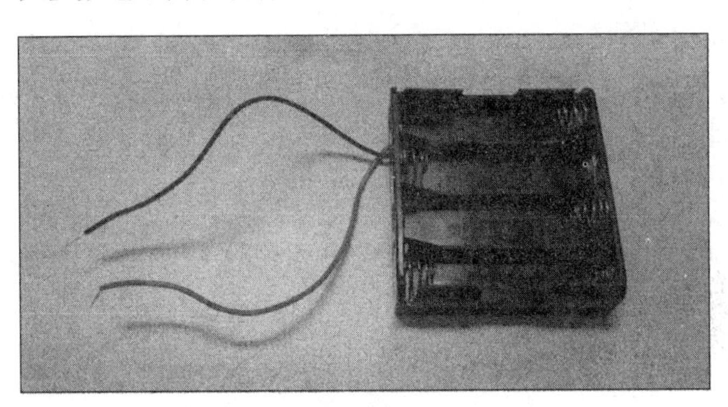

- 现在有了腿式移动平台所需的机械部件，还需要实现将 BeagleBone Black 的控制信号转化为对伺服电机电压控制的硬件。用来控制伺服电机的是 PWM 信号。对于此类控制，有一个很好的概述，可参见网址 http://pcbheaven.com/wikipages/How_RC_Servos_works/或者 https://www.ghielectronics.com/docs/18/pwm。你可以找到如何使用 BeagleBone Black 的 GPIO 管脚直接控制伺服电机的指南，例如网址 http://learn.adafruit.com/controlling-a-servo-with-a-beaglebone-black/overview 和 http://www.youtube.com/watch?v=6gv3gWtoBWQ。为方便起见，我选择购买基于 USB 接口来控制伺服电机的电机控制器。这将保护我的电路板，并且让控制多个电机变得容易。我个人喜欢采用 Pololu 提供的，使用 USB 接口，能够同时控制 18 个伺服电机的简单伺服电机控制器，该控制器实物如下图所示：

同样，确保购买组装好的硬件。该硬件将 USB 命令转换为控制伺服电机的电压信号。Pololu 提供多种不同版本的控制器，每种都能够控制特定数量的伺服电机。一旦你选择了腿式平台，简单地数一下需要控制的电机的数量，然后选择对应的控制器。选择上图中伺服电机的好处在于可以通过凤凰端子连接电源。

- 因为打算使用 USB 连接 BeagleBone Black 与控制器，同样需要一个 USB A 到 mini-B 的线。

现在具备了所有的硬件，接下来看一个具有伺服电机的双足系统是如何工作的，同时还包括让项目行走的操作步骤。

## 6.2 使用伺服控制器连接 BeagleBone Black 与移动平台

现在有了双足平台和伺服电机控制器，已经做好了让机器人行走的准备。

### 6.2.1 任务准备

在开始之前，需要了解一些关于伺服电机的背景知识。伺服电机类似于直流电机，但有一个重要的区别。直流电机被设计为以连续方式旋转，即以一定的速度旋转 360°。伺服电机被设计为只转动一个特定的角度。换言之，对于直流电机，通常希望电机按照控制的速度连续旋转。而对于伺服电机，电机按照控制转动到特定位置。

### 6.2.2 任务执行

为了让机器人能够行走，首先需要将伺服电机控制器连接到电机上。有两个连接需要完成：一个是伺服电机，一个是电池仓。接下来，先将伺服电机控制器连接到计算机上，并检查是否工作正常。

1. 首先，将电机连接到控制器。下图所示是双足机器人的图片，图中有四个伺服电机连接。

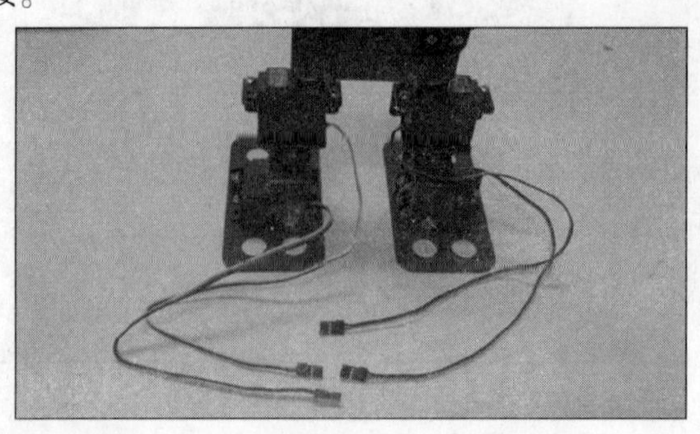

2. 为了保持一致，分别连接四个电机到控制器上标识为0～3的位置：0－左脚，1－左髋关节，2－右脚，3－右髋关节。下图所示是控制器的背面，图中标明了如何连接到控制器。

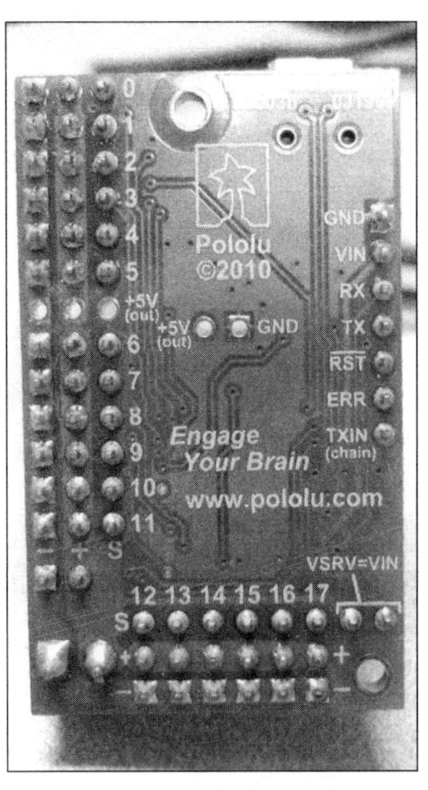


3. 按照以下方式进行连接：左脚连接到连接器最上方的0号管脚，黑线连接到外侧（－），左髋关节连接到连接器的1号管脚，黑线连接外侧，右脚连接到连接器的2号管脚，黑线连接外侧，右髋关节连接到连接器的3号管脚，黑线连接外侧。具体的连接方式如下图所示：

4. 现在需要将伺服电机控制器连接到电池。如果使用标准的四节 AA 电池仓，将其连接到凤凰端子(两个绿色的螺丝柱)上，黑线连接外侧，红线连接内侧，如下图所示：

5. 现在可以将电机控制器连接到计算机上，检测是否能够进行控制。

### 6.2.3 任务完成-小结

硬件连接完毕，可以使用一些 Polulu 提供的软件来控制电机。从网址 http://www.pololu.com/docs/0J40/3.a 下载 Polulu 软件，并按照要求进行安装。安装完毕后，运行软件，可以看到下图所示的屏幕：

Pololu Maestro Control Center

File Device Edit Help

Connected to: #00039334 Firmware version: 1.00 Error code: 0x0000

Status | Errors | Channel Settings | Serial Settings | Sequence | Script

| # | Name | Mode | Enabled | Target | Speed | Acceleration | Position |
|---|---|---|---|---|---|---|---|
| 0 | | Servo | | 1494.00 | 0 | 0 | 0.00 |
| 1 | | Servo | | 1490.50 | 0 | 0 | 0.00 |
| 2 | | Servo | | 1500.00 | 0 | 0 | 0.00 |
| 3 | | Servo | | 1500.00 | 0 | 0 | 0.00 |
| 4 | | Servo | | 1500.00 | 0 | 0 | 0.00 |
| 5 | | Servo | | 1500.00 | 0 | 0 | 0.00 |
| 6 | | Servo | | 1500.00 | 0 | 0 | 0.00 |
| 7 | | Servo | | 1500.00 | 0 | 0 | 0.00 |
| 8 | | Servo | | 1500.00 | 0 | 0 | 0.00 |
| 9 | | Servo | | 1500.00 | 0 | 0 | 0.00 |
| 10 | | Servo | | 1500.00 | 0 | 0 | 0.00 |
| 11 | | Servo | | 1500.00 | 0 | 0 | 0.00 |
| 12 | | Servo | | 1500.00 | 0 | 0 | 0.00 |
| 13 | | Servo | | 1500.00 | 0 | 0 | 0.00 |
| 14 | | Servo | | 1500.00 | 0 | 0 | 0.00 |
| 15 | | Servo | | 1500.00 | 0 | 0 | 0.00 |

Save Frame 0 Apply Settings

首先需要改变串口设置的配置。选择串口设置标签页，可以看到如下的显示：

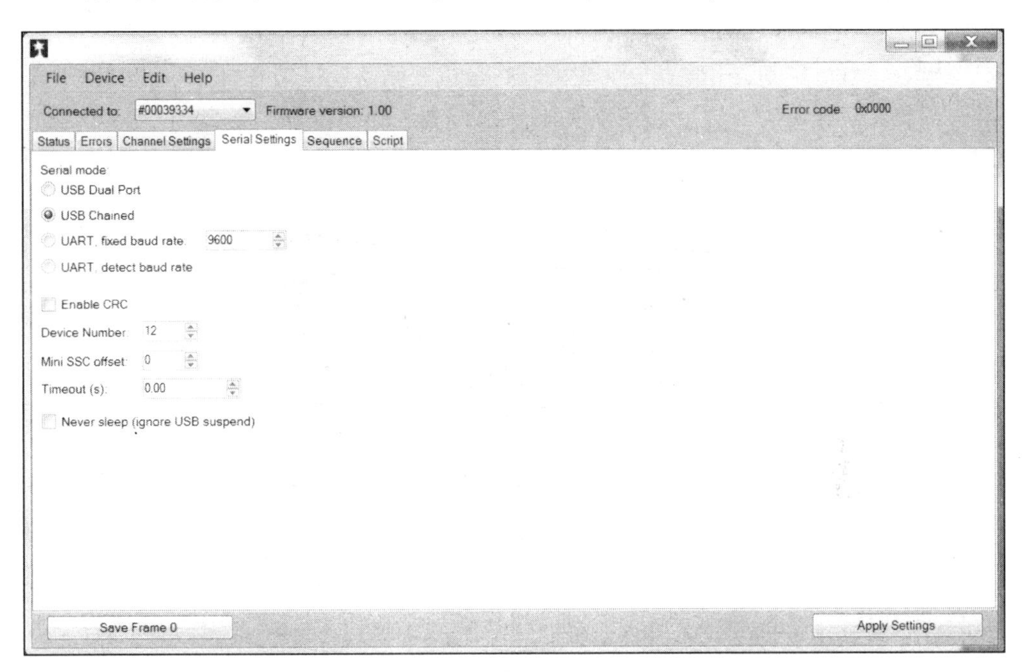


确保选中 USB Chained 选项，该选项可以通过 USB 来连接并控制电机控制器。回到主界面，选择 Status 标签页，现在可以打开四个电机，界面如下图所示：

File Device Edit Help

Connected to: #00039334 Firmware version: 1.00 Error code: 0x0000

Status Errors Channel Settings Serial Settings Sequence Script

| # | Name | Mode | Enabled | Target | Speed | Acceleration | Position |
|---|---|---|---|---|---|---|---|
| 0 | | Servo | ✓ | 1494.00 | 0 | 0 | 1494.00 |
| 1 | | Servo | ✓ | 1490.50 | 0 | 0 | 1490.50 |
| 2 | | Servo | ✓ | 1500.00 | 0 | 0 | 1500.00 |
| 3 | | Servo | ✓ | 1500.00 | 0 | 0 | 1500.00 |
| 4 | | Servo | | 1500.00 | 0 | 0 | 0.00 |
| 5 | | Servo | | 1500.00 | 0 | 0 | 0.00 |
| 6 | | Servo | | 1500.00 | 0 | 0 | 0.00 |
| 7 | | Servo | | 1500.00 | 0 | 0 | 0.00 |
| 8 | | Servo | | 1500.00 | 0 | 0 | 0.00 |
| 9 | | Servo | | 1500.00 | 0 | 0 | 0.00 |
| 10 | | Servo | | 1500.00 | 0 | 0 | 0.00 |
| 11 | | Servo | | 1500.00 | 0 | 0 | 0.00 |
| 12 | | Servo | | 1500.00 | 0 | 0 | 0.00 |
| 13 | | Servo | | 1500.00 | 0 | 0 | 0.00 |
| 14 | | Servo | | 1500.00 | 0 | 0 | 0.00 |
| 15 | | Servo | | 1500.00 | 0 | 0 | 0.00 |

Save Frame 0 Apply Settings

现在，可以使用滑动条来控制电机。确保0号电机移动左脚，1号电机移动左髋关节，2号电机移动右脚，3号电机移动右髋关节。

检查完电机控制器和电机，现在可以将电机控制器连接到BeagleBone Black，并进行控制。从计算机上拔出USB连接线，连接到USB hub上。连接好的整个系统如下图所示：

从网址 http://www.pololu.com/docs/0J40/3.b 下载Linux代码，用来控制电机控制器。登录到BeagleBone Black上最好的方法是通过vncserver和vncviewer。为此，使用PuTTY登录到BeagleBone Black，在命令行输入vncserver，确保vncserver运行。

1. 在计算机上运行VNC Viewer软件，输入IP地址，然后单击connect。输入口令后就可以看到BeagleBone Black的界面，如下图所示：

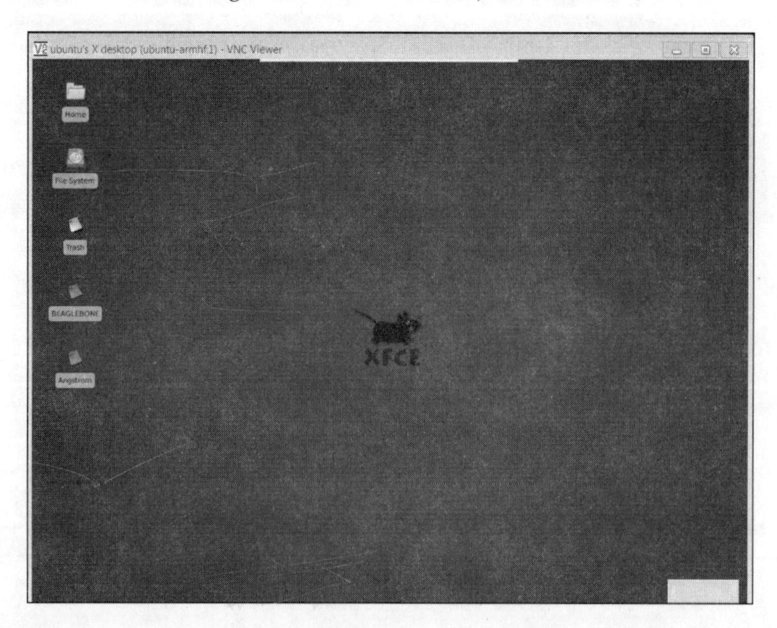

2. 打开 Firefox 浏览器，输入网址 http://www.pololu.com/docs/0J40/3.b。单击 Maestro Servo Controller Linux 软件链接，可以下载文件 maestro_linux_100507.tar.gz 到 Download 目录。
3. 进入到下载目录，输入命令 `mv maestro_linux_100507.tar.gz ..`，将文件移动到 home 目录下，然后回到 home 目录下。
4. 使用命令 `tar-xzfv maestro_linux_011507.tar.gz` 解压文件，创建 `maestro_linux` 目录，使用命令 `cd maestro_linux` 进入到该目录，然后输入 `ls` 命令，可以看到：

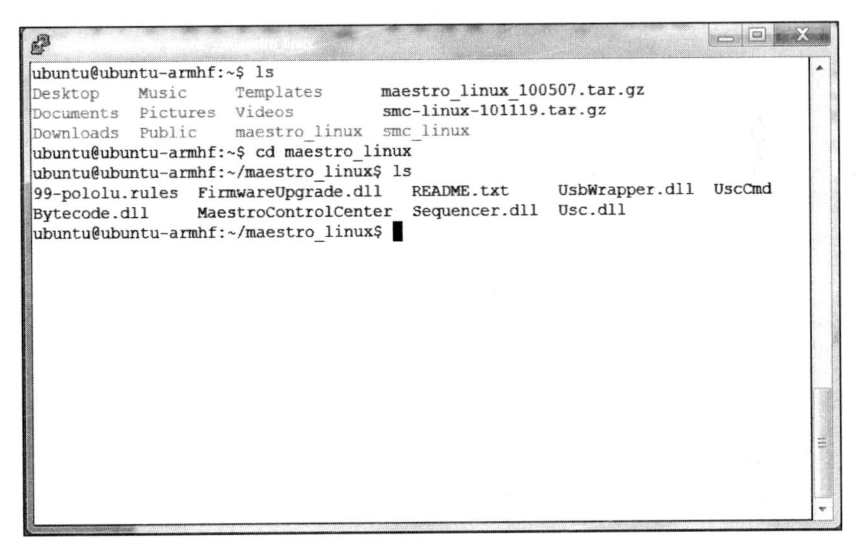


README.txt 文档清晰地描述了如何安装软件。不过，不能在 BeagleBone Black 上运行 MaestroControlCenter。目前窗口还不支持图形界面，但是可以使用 UscCmd 命令行应用来控制电机。首先，输入 `./UscCmd-list`，可以看到：

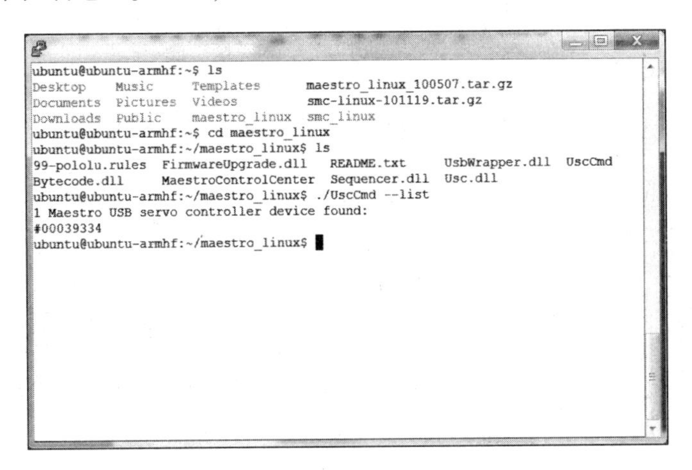

检测到电机控制器。如果输入./UscCmd，则可以看到所有可以向控制器发出的命令：

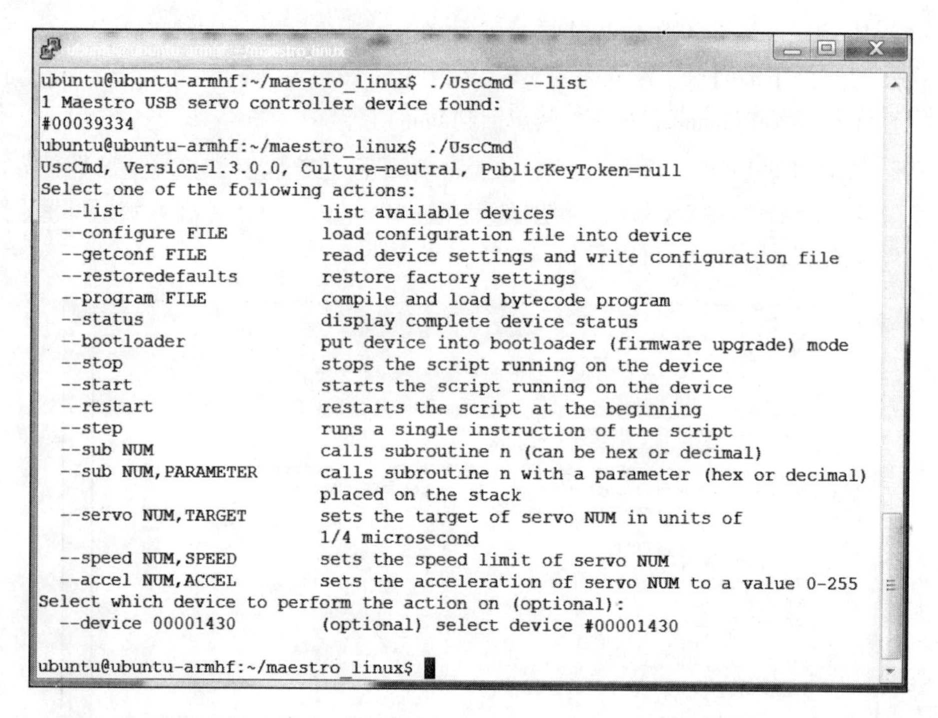

```
ubuntu@ubuntu-armhf:~/maestro_linux$ ./UscCmd --list
1 Maestro USB servo controller device found:
#00039334
ubuntu@ubuntu-armhf:~/maestro_linux$ ./UscCmd
UscCmd, Version=1.3.0.0, Culture=neutral, PublicKeyToken=null
Select one of the following actions:
  --list                      list available devices
  --configure FILE            load configuration file into device
  --getconf FILE              read device settings and write configuration file
  --restoredefaults           restore factory settings
  --program FILE              compile and load bytecode program
  --status                    display complete device status
  --bootloader                put device into bootloader (firmware upgrade) mode
  --stop                      stops the script running on the device
  --start                     starts the script running on the device
  --restart                   restarts the script at the beginning
  --step                      runs a single instruction of the script
  --sub NUM                   calls subroutine n (can be hex or decimal)
  --sub NUM,PARAMETER         calls subroutine n with a parameter (hex or decimal)
                              placed on the stack
  --servo NUM,TARGET          sets the target of servo NUM in units of
                              1/4 microsecond
  --speed NUM,SPEED           sets the speed limit of servo NUM
  --accel NUM,ACCEL           sets the acceleration of servo NUM to a value 0-255
Select which device to perform the action on (optional):
  --device 00001430          (optional) select device #00001430

ubuntu@ubuntu-armhf:~/maestro_linux$
```

可以向电机发出特定目标角度的命令，由于参数不是角度值，所以设定该参数会有些困难。输入./UscCmd-servo 0,10，电机将移动到全角度位置。输入./UscCmd-servo 0,0，电机停止。在下一节中编写软件，将角度转换为电机控制的命令。

如果没有运行Maestro控制器的Windows版本，并将串口设置为USB Chained，那么电机控制器可能会没有响应。

## 6.3 在Linux中创建一个程序来控制移动平台

现在已经可以使用基本的命令来控制电机，下面让我们使用程序来进行控制。

### 6.3.1 任务准备

本节将要创建一个Python软件，可以更好地控制伺服电机。发出命令，让电机进入到特定角度，电机就会转动到特定角度。然后添加一系列的此类命令，就可以让腿式移动机器人学会向左倾斜，或向右倾斜，甚至是向前步行。

## 6.3.2 任务执行

先从一个简单的程序开始，可以让机器人的电机旋转到 90°，就是 180°的一半位置。不过，不同的伺服电机的中间值、最大值、最小值可能会不同，所以需要校准这些数值。为简化起见，这里不做进一步讨论。下面是代码：

```
ubuntu@ubuntu-armhf: ~/maestro_linux
File Edit Options Buffers Tools Python Help
#!/usr/bin/python
import serial
import time
class PololuMicroMaestro(object):
    def __init__(self, port= "/dev/ttyACM0"):
        self.ser = serial.Serial(port = port)
    def setAngle(self, channel, angle):
        minAngle = 0.0
        maxAngle = 180.0
        minTarget = 256.0
        maxTarget = 13120.0
        scaledValue = int((angle / ((maxAngle - minAngle) / (maxTarget - minTar\
get))) + minTarget)
        commandByte = chr(0x84)
        channelByte = chr(channel)
        lowTargetByte = chr(scaledValue & 0x7F)
        highTargetByte = chr((scaledValue >> 7) & 0x7F)
        command = commandByte + channelByte + lowTargetByte + highTargetByte
        self.ser.write(command)
        self.ser.flush()
    def close(self):
        self.ser.close()
if __name__=="__main__":
    robot = PololuMicroMaestro()
# Home position
    robot.setAngle(0,85)
    robot.setAngle(1,80)
    robot.setAngle(2,80)
    robot.setAngle(3,75)
-=--:----F1  robot.py      Top L1     (Python)--------------------------------
For information about GNU Emacs and the GNU system, type C-h C-a.
```

- #! /usr/bin/python：让程序可以从命令行执行。这样就可以从语音命令程序中直接调用。下一节将接着讨论。
- import serial, import time：这两行导入 serial 库和 time 库。serial 库用来访问 USB 设备，time 库用来在电机命令之间设置延迟。
- PololuMicroMaestro 类包含了与电机控制器通信的函数。
- __init__，打开与伺服电机控制器关联的 USB 端口。
- setAngle，将需要的电机设置与角度转化为电机控制器识别的串口命令，minTarget，maxTarget 等数值，以及 channelByte，commandBytelowTargetByte 和 highTargetByte 的含义来自于厂家定义。
- 最后一个方法是 close，用来关闭串口。
- 现在有了类，在程序的__main__部分，实例化了伺服电机控制器类。
- 设置每个电机到需要的位置。默认为设置每个电机到 90°位置。不过，每个电机不是正好位于中间位置，所以我发现对于我的机器人，需要将每个电机设置到代码中的数值，才能够对齐，这样机器人的两只脚才能放平在地面上，两个髋关节处于居中位置。

一旦设置好初始位置，接下来可以让机器人做一些事情，下面是样例代码中的一些例子：

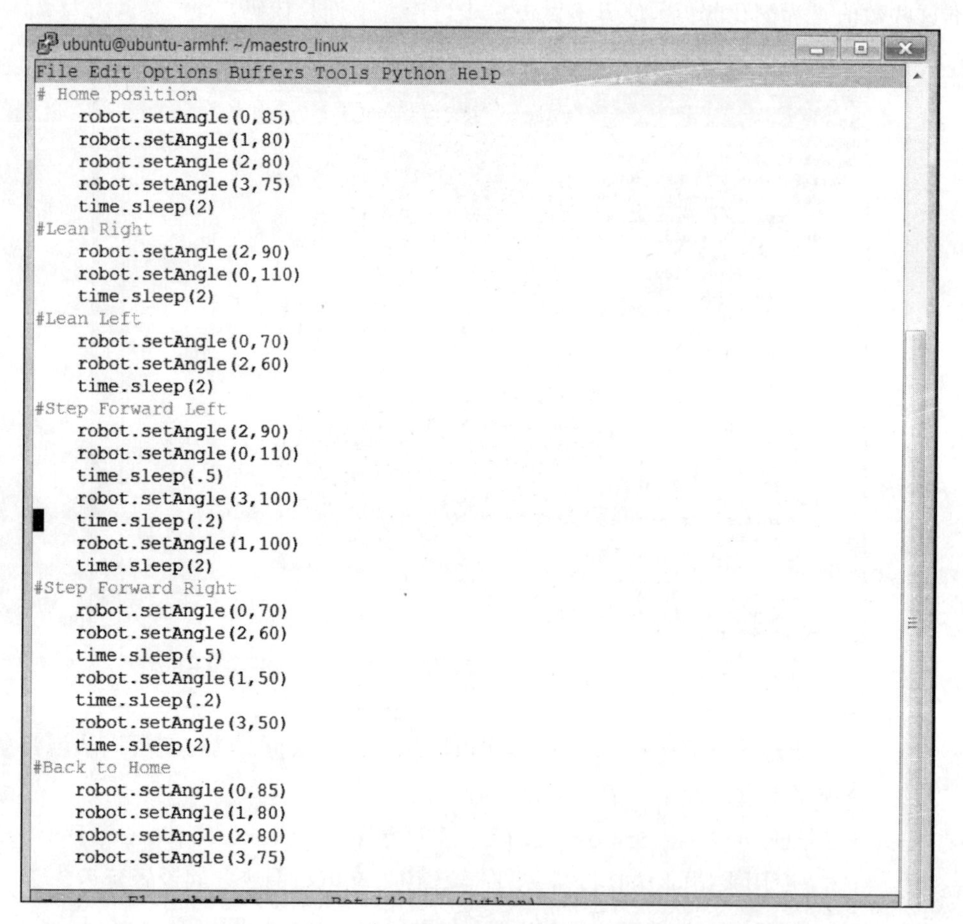
ubuntu@ubuntu-armhf: ~/maestro_linux
File Edit Options Buffers Tools Python Help
# Home position
robot.setAngle(0,85)
robot.setAngle(1,80)
robot.setAngle(2,80)
robot.setAngle(3,75)
time.sleep(2)
#Lean Right
robot.setAngle(2,90)
robot.setAngle(0,110)
time.sleep(2)
#Lean Left
robot.setAngle(0,70)
robot.setAngle(2,60)
time.sleep(2)
#Step Forward Left
robot.setAngle(2,90)
robot.setAngle(0,110)
time.sleep(.5)
robot.setAngle(3,100)
time.sleep(.2)
robot.setAngle(1,100)
time.sleep(2)
#Step Forward Right
robot.setAngle(0,70)
robot.setAngle(2,60)
time.sleep(.5)
robot.setAngle(1,50)
time.sleep(.2)
robot.setAngle(3,50)
time.sleep(2)
#Back to Home
robot.setAngle(0,85)
robot.setAngle(1,80)
robot.setAngle(2,80)
robot.setAngle(3,75)

在本例中，使用 setAngle 命令设置电机来操控机器人。通过一系列的控制命令首先将机器人下肢归位，然后控制双脚使机器人向右、向左倾斜身体。最后，通过命令的组合，让机器人先迈出左脚前进，接着迈出右脚前进。

### 6.3.3 任务完成-小结

一旦调试好程序，就可以将所有的硬件在移动平台上进行组装。我个人喜欢使用一些透明的塑料，因为这样很容易切割和钻孔，不过你也可以有其他选择。下图所示是安装好的机器人图片：

### 6.3.4 补充信息

按照上述原理，可以让你的机器人做一些令人惊奇的动作。前进，后退，跳舞，转圈，等等，任何的移动都是可能的。学习动作控制最好的方法是尝试不同的新位置。

## 6.4 通过语音命令让移动平台真正移动起来

现在你的机器人可以移动，但是能按照你的口令灵巧地行动吗？

### 6.4.1 任务准备

现在你应该拥有了一个能够以任何方式运动的移动平台。不过，还是连接着一根网线，所以并不是完全移动的。而且，一旦软件开始运行，将无法修改软件工作的行为。在本节中，我们将要使用第 3 章中介绍的原理，通过语音命令来发起移动。

### 6.4.2 任务执行

需要修改语音识别程序，使之在识别语音命令后能够运行你的Python程序。如果对此有些生疏，可以回顾一下第3章的内容。需要对/home/Ubuntu/pocketsphinx-0.8/src/programs/目录下的continuous.c程序做些简单的修改。为此，输入cd/home/Ubuntu/pocketsphinx-0.8/src/programs命令，然后输入emacs continuous.c。修改的位置与其他语音命令位于相同的段落，如下图所示：

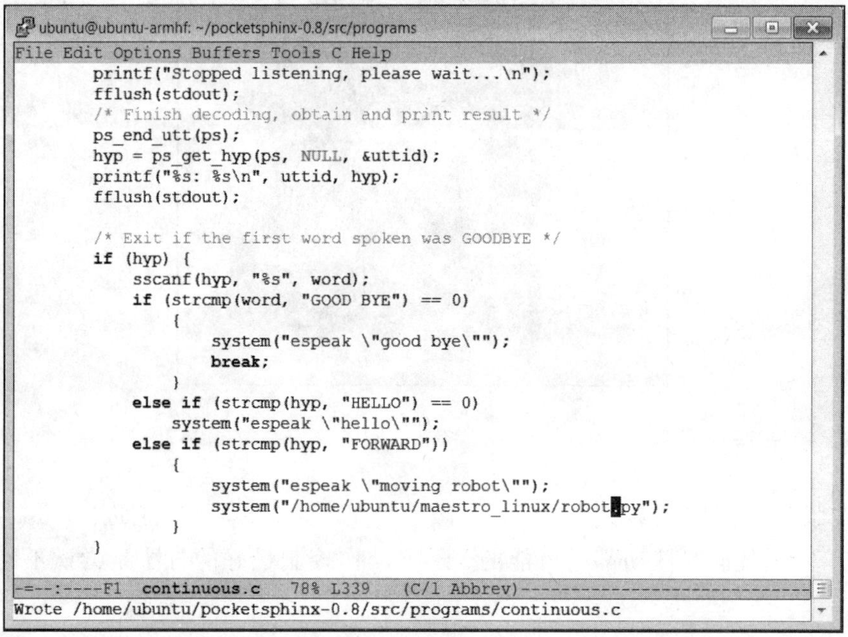

```
ubuntu@ubuntu-armhf: ~/pocketsphinx-0.8/src/programs
File Edit Options Buffers Tools C Help
        printf("Stopped listening, please wait...\n");
        fflush(stdout);
        /* Finish decoding, obtain and print result */
        ps_end_utt(ps);
        hyp = ps_get_hyp(ps, NULL, &uttid);
        printf("%s: %s\n", uttid, hyp);
        fflush(stdout);

        /* Exit if the first word spoken was GOODBYE */
        if (hyp) {
            sscanf(hyp, "%s", word);
            if (strcmp(word, "GOOD BYE") == 0)
                {
                    system("espeak \"good bye\"");
                    break;
                }
            else if (strcmp(hyp, "HELLO") == 0)
                system("espeak \"hello\"");
            else if (strcmp(hyp, "FORWARD"))
                {
                    system("espeak \"moving robot\"");
                    system("/home/ubuntu/maestro_linux/robot.py");
                }
        }
-=--:----F1  continuous.c    78% L339    (C/l Abbrev)----------------------------
Wrote /home/ubuntu/pocketsphinx-0.8/src/programs/continuous.c
```

增加的代码很直接，下面逐条解释。

- else if(strcmp(hyp,“FORWARD”)==0)：检查由语音命令程序识别出的单词。如果为FORWARD，执行下面的语句。在else if之后，需要使用{}明确执行的语句范围。
- system("espeak \"moving robot\"")：执行espeak，提示你将要运行robot.py程序。
- system("/home/Ubuntu/maestro_linux/robot.py")：要执行的程序。移动平台会按照robot.py的程序运动。

完成上述修改，需要重新编译该软件，所以输入make，将会生成可执行的

pocketsphinx_continuous 程序。输入./pocketsphinx_continuous 执行该程序。断开网线，移动平台就能够识别出“forward”语音指令，并执行相应的代码。

### 6.4.3 任务完成-小结

至此，应该完成了一个完整的移动平台。当执行你的程序后，移动平台可以根据软件的指令进行移动。

### 6.4.4 补充信息

不需要将所有的功能放在一个程序中。可以创建多个程序，每个程序具有不同的功能，然后将它们与各自对应的语音命令关联起来。例如，一个命令是向前移动机器人，另一个命令向后移动，还有一个命令向右转或向左转。

## 6.5 任务完成

恭喜！你的机器人应该能够按照你的程序的指令进行移动了，你甚至可以让机器人跳舞。

## 6.6 挑战

已经构建了一个双足机器人，还可以很容易地扩展更多的腿。下图所示是一个四条腿的机器人，具有 8 个自由度，其实可以很容易地使用两条腿机器人的零件来构建。我个人喜欢这种类型，因为不容易摔倒损坏。

需要八个伺服电机和一些电池。在 eBay 上，可以经常看到有 12 个自由度的四

足机器人套件，但是需要很大的电池。对于这类应用，通常会使用可充电的遥控器电池，但要确保使用5～6 V电压规格，或者使用带有调压电路的电池。下图是该类电池的照片，在很多商店有售：

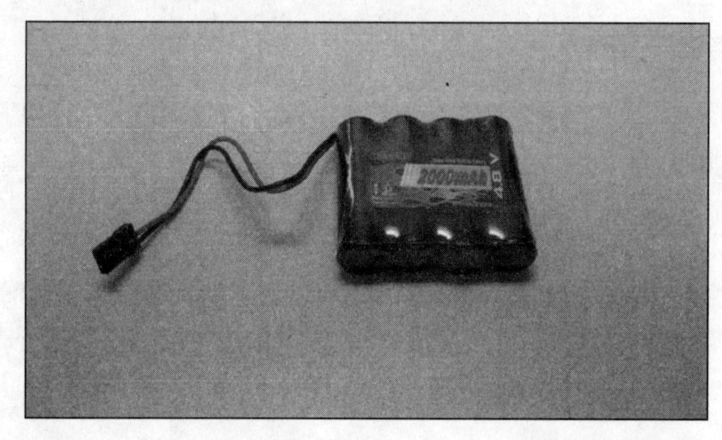

如果使用该类电池，不要忘记买充电器。商店可以帮你选择配套的充电器。

# 第7章

# 使用传感器避障

在前面两章中，我们讨论了轮式和履带式的运动方式，以及基于多足方式的行走。现在机器人可以四处移动了，但是能不能让机器人感知外部世界，从而不会碰撞到其他物体？本章将会探索如何增加传感器以帮助机器人避开障碍物。

## 7.1 任务简述

前面已经介绍了如何使用轮式/履带式底座来构建机器人，以及使用多足方式来移动机器人。本章将介绍一些基本的传感器，特别是可以提醒并帮助机器人避开物体的传感器。

### 7.1.1 亮点展示

如果不断地冲撞墙壁或者平面的边缘会对机器人造成很大的冲击。接下来就让我们来帮助机器人变得更加智能，从而能够避开这些障碍。

### 7.1.2 目标

在本章中，你将完成：

- 将 BeagleBone Black 连接到一个 USB 声呐传感器，用来探测环境。
- 使用伺服电机来改变传感器的方位，无须安装更多的传感器，也能够探测更大的范围。

**下载样例代码和彩色图片**

可以通过访问 http://www.huaxin.com.cn 获取本书的样例代码和彩色图片。也可以通过访问 http://www.packtpub.com/support 网页得到这些文件。

### 7.1.3 任务检查清单

完成此任务需要一些传感器。本节会展示 BeagleBone Black 与声呐传感器的接口。还有很多种其他的选择，例如，红外传感器也可以用来探测目标物体的距离。但由于不支持 USB 接口，所以我们选择具有 USB 接口的传感器。下图所示是将要使用的 USB 声呐传感器。

该传感器为 USB-ProxSonar-EZ，可以直接从 MatBotix 或亚马逊网站购买到。有很多种型号，每个型号有着不同的距离参数，但是工作方式都是相同的。

如果希望探测多个方向的物体距离，有两种选择。简单的做法是使用多个同样的传感器，每个朝一个方向。但是在 7.2 节中，会展示如何使用电机来旋转传感器，这样可以只使用一个传感器，在需要时转动到指定方向即可。为此，需要一个电机，并获知安装方法。我个人还是喜欢使用 Hitec 系列的电机，型号为 HS-311，如下图所示：

下图所示是一个直角底座安装传感器的方法，这个底座来自于从 eBay 购买的机器人套件中。安装后如下图所示：

不过，如果希望变得更酷，可以采购一个云台。由于它内置两个伺服电机，因此可以让传感器在垂直和水平两个方向旋转，可以从 www. robotshop. com 网站购买。也可以用已有的多足机器人零件自行搭建一个云台。

完成后的电机如下图所示：

## 7.2 连接 USB 声呐传感器到 BeagleBone Black

现在有了移动平台，机器人可以运动，不过还需要检查机器人是否会撞到什么物体。避免碰撞的一种好办法是使用声呐传感器。首先，简单介绍声呐传感器。这类传感器利用超声波来计算物体的距离。声波从传感器发出，如下图所示：

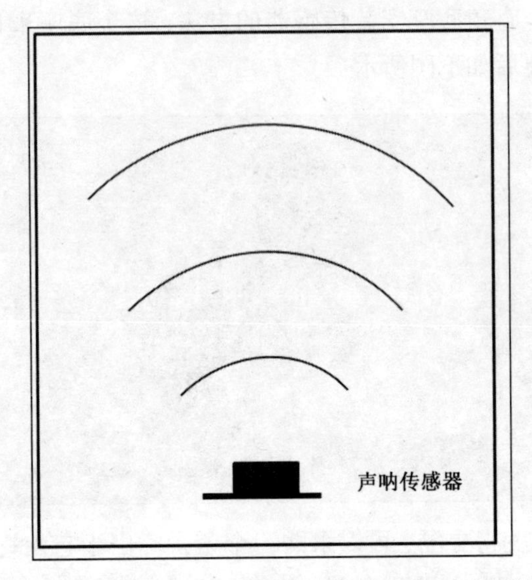


传感器每秒发出 10 个声波。如果在声波前进方向上遇到物体，声波会反射回来，如下图所示：

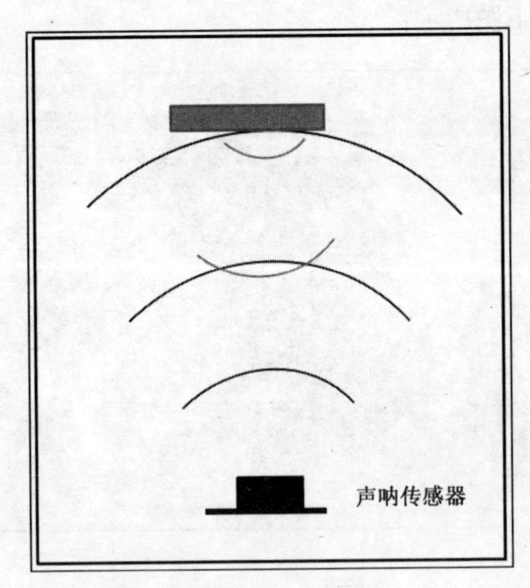


传感器测量反射波，通过测量发射声波与反射声波之间的时间差，可以测量出物体的距离。

### 7.2.1 任务准备

第一件事情是将 USB 声呐传感器连接到计算机上，并确保一切正常。下面是具体的操作步骤。

1. 下载终端模拟器软件，网址为 http://www.maxbotix.com/articles/059.htm，然后选择 Windows 版本下载。网页显示如下图所示：

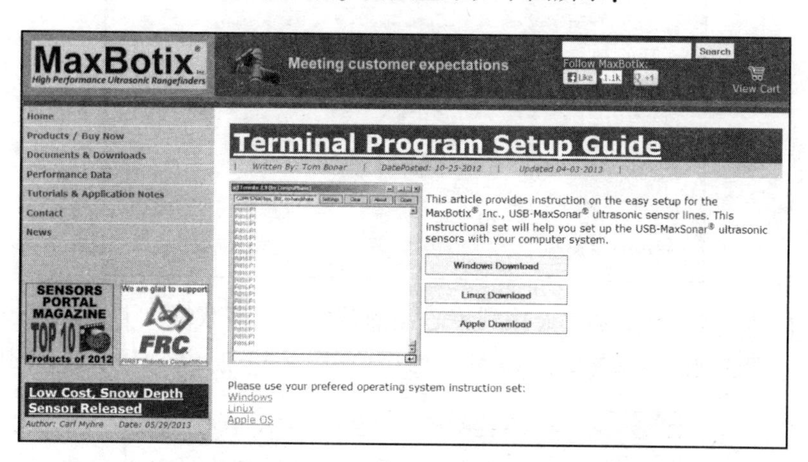


2. 解压文件。将传感器插入到计算机的 USB 口，然后打开终端模拟器，如下图所示：

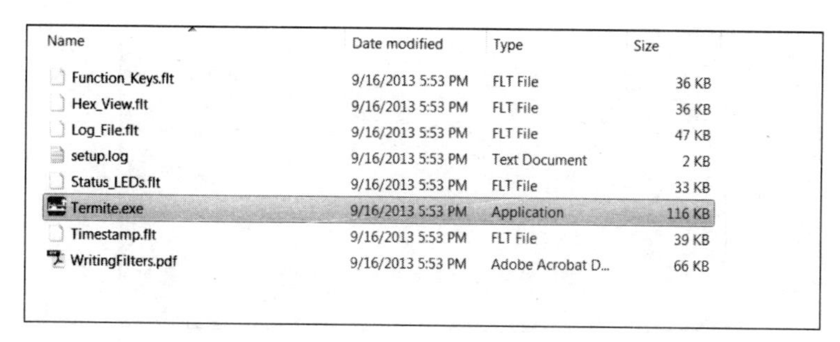

| Name | Date modified | Type | Size |
| --- | --- | --- | --- |
| Function_Keys.flt | 9/16/2013 5:53 PM | FLT File | 36 KB |
| Hex_View.flt | 9/16/2013 5:53 PM | FLT File | 36 KB |
| Log_File.flt | 9/16/2013 5:53 PM | FLT File | 47 KB |
| setup.log | 9/16/2013 5:53 PM | Text Document | 2 KB |
| Status_LEDs.flt | 9/16/2013 5:53 PM | FLT File | 33 KB |
| Termite.exe | 9/16/2013 5:53 PM | Application | 116 KB |
| Timestamp.flt | 9/16/2013 5:53 PM | FLT File | 39 KB |
| WritingFilters.pdf | 9/16/2013 5:53 PM | Adobe Acrobat D... | 66 KB |

3. 将出现如下图所示的窗口：

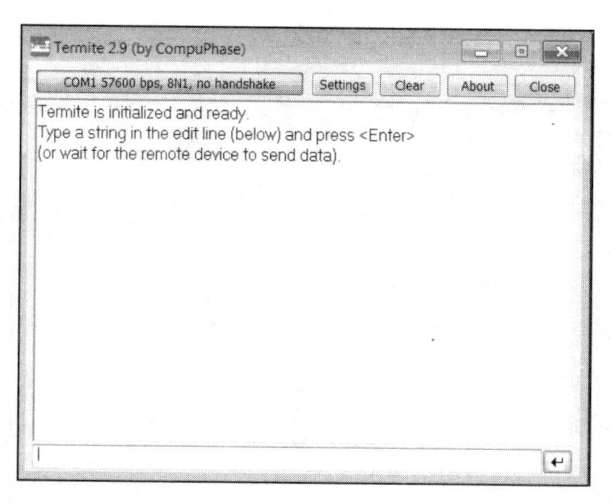


4. 需要改变参数以便于找到传感器，单击 Settings 按钮，可以看到以下的界面：

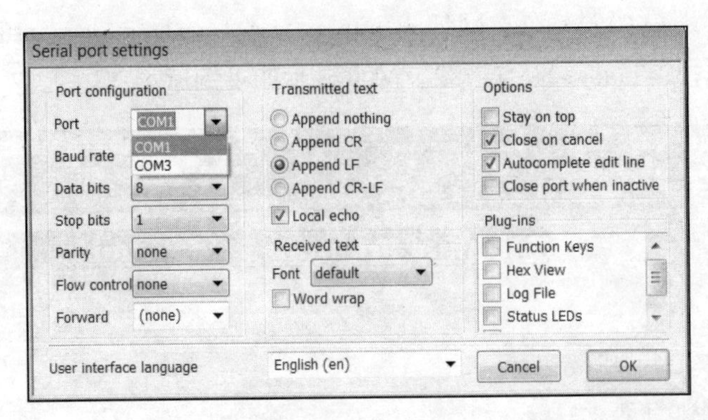


5. 在 Port 菜单中，选择连接到传感器的端口。大多数情况下选择列表中最后一个选项。我选择的是 COM3，然后单击 OK 按钮，界面显示如下图所示：

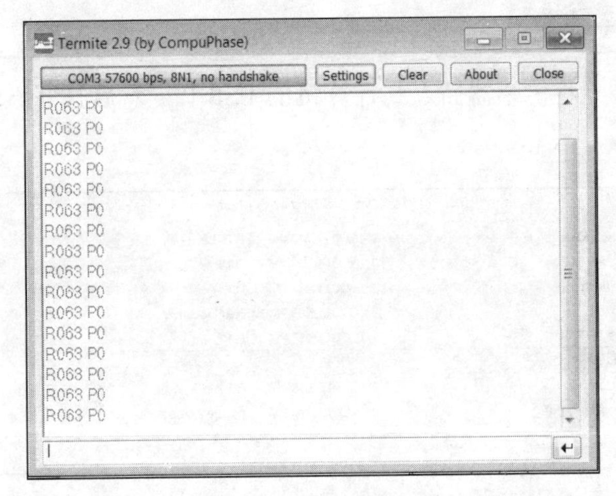


6. 注意到传感器的读数。现在将一个物体摆放到传感器的前面，可以看到如下的显示：

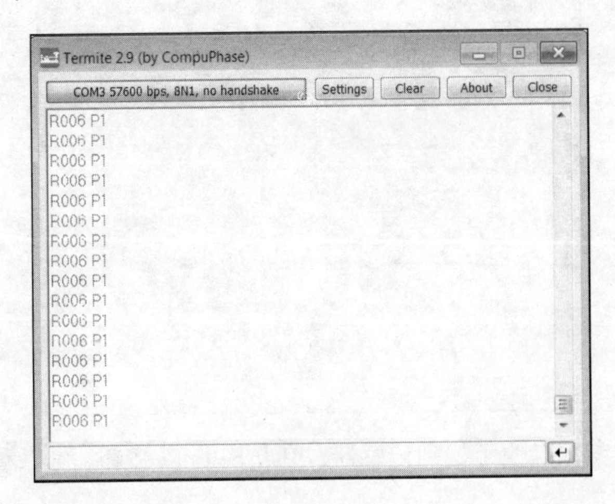

读数发生了变化，特别是R之后的数值，以及P1数值，这些表明在传感器之前有一个物体。R的数值表示距离(毫米)，P1表示一个物体在传感器的探测范围内。如果没有探测到物体，则会显示P0。需要在软件中读取这些数据，然后就可以避开物体。

现在确认传感器可以工作，下面就将传感器安装到移动平台上。这里会将传感器安装到四足机器人上。

确保将USB线的一端连接到传感器，另一端连接到BeagleBone Black上的USB hub上。

### 7.2.2 任务执行

所有硬件安装完毕，传感器能正常工作之后，可以建立BeagleBone Black与传感器之间的通信。下面创建一个简单的Python程序，用来从传感器读取数据。为此，使用Emacs作为编辑器，输入 `emacs sonar.py`，创建新文件 `sonar.py`。然后按照下图所示输入代码：

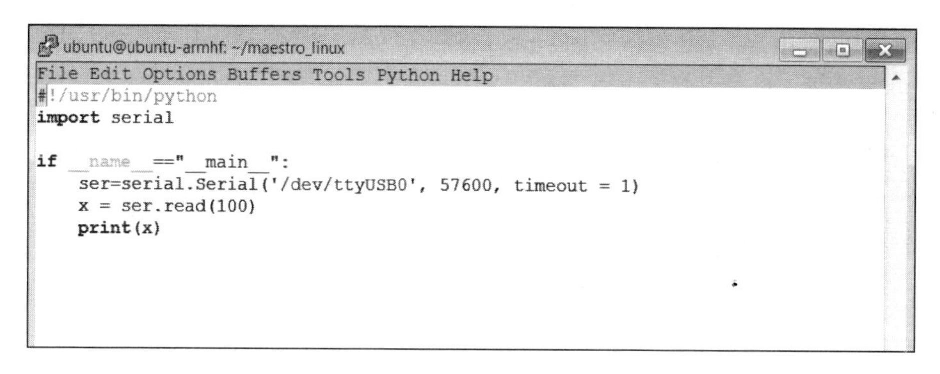


```
#!/usr/bin/python
import serial

if __name__=="__main__":
    ser=serial.Serial('/dev/ttyUSB0', 57600, timeout = 1)
    x = ser.read(100)
    print(x)
```

逐行解读代码：

- `#!/usr/bin/python`：让程序可以在命令行上直接执行。
- `import serial WT`：导入串口库，通过串口访问USB声呐传感器。
- `if __name__=="__main__"`：定义主程序。
- `ser=serial.Serial('/dev/ttyUSB0', 57600, timeout=1)`：该命令设置使用`/dev/ttyUSB0`串口，即声呐传感器，速率设置为57600，超时值(timeout)为1。
- `x=ser.read(100)`：该命令从USB端口读出100个数值。
- `print(x)`：将读取的数值打印出来。

一旦创建了该程序，就可以运行并建立与传感器之间的通信。输入`./sonar.py`

运行该程序。我发现有时第一次运行程序时设备没有数据返回，出现这种情况请不要惊讶。第二次运行后，你一定会收到数据。程序运行的情况如下图所示：

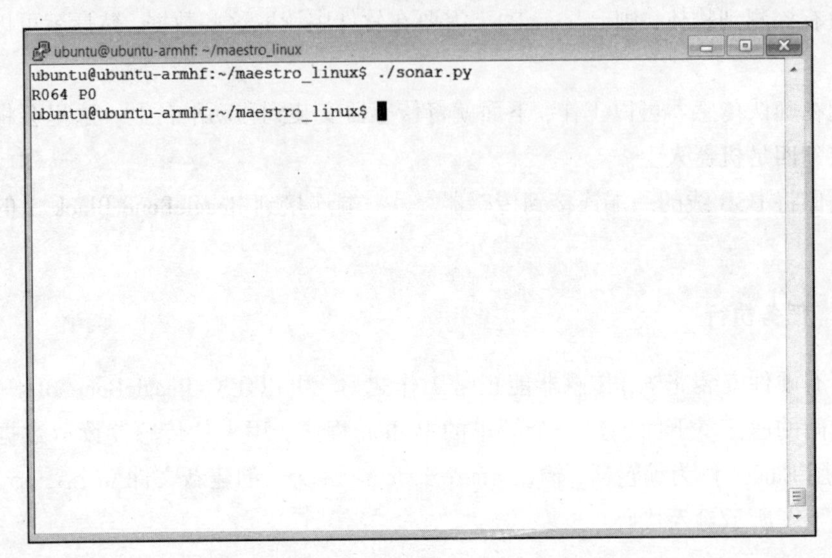


声呐返回064，表示障碍物的距离(毫米)。如果在传感器前几英寸的位置放置一个反射物体，将会得到如下结果：

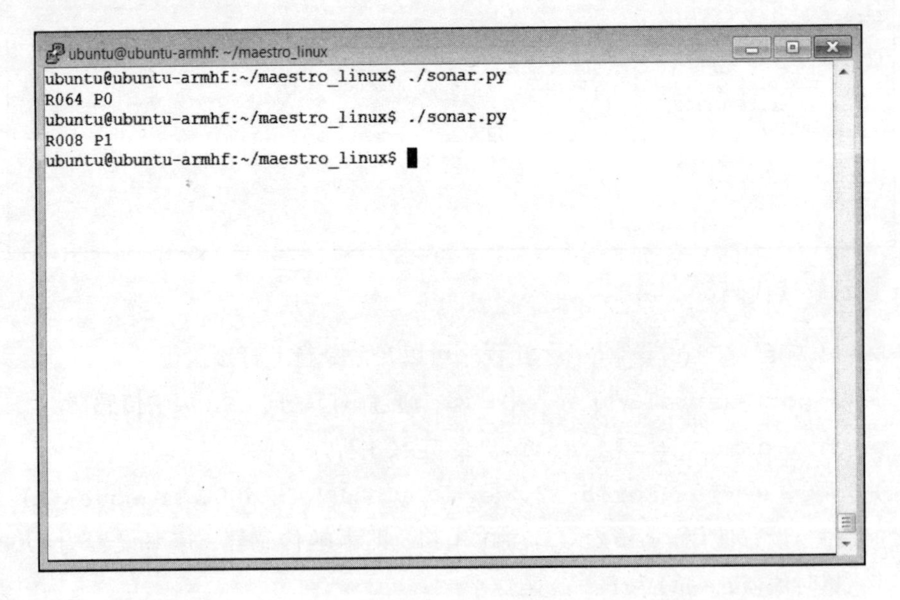


### 7.2.3 任务完成-小结

现在机器人可以感知到环境，从而可以避免冲撞到墙或者是其他障碍物。

## 7.3 使用电机来移动单个传感器

如果希望不止能探测一个方向的物体，那么可以使用多个传感器，每个传感器安装在机器人的一侧。当然，也可以使用电机来移动传感器，这样只使用一个传感器就可以探测多个方向。

### 7.3.1 任务准备

将传感器安装到一个电机上，然后使用支架将电机安装到移动平台上，这样可以避免购买和配置多个传感器。使用声呐传感器，安装完成后的照片如下图所示：

确保将电机连接到电机控制器，可以使用任何空闲的控制器。我连接到四足机器人平台上，上面共有 8 个伺服电机，所以我使用第八个电机控制器，如下图所示：

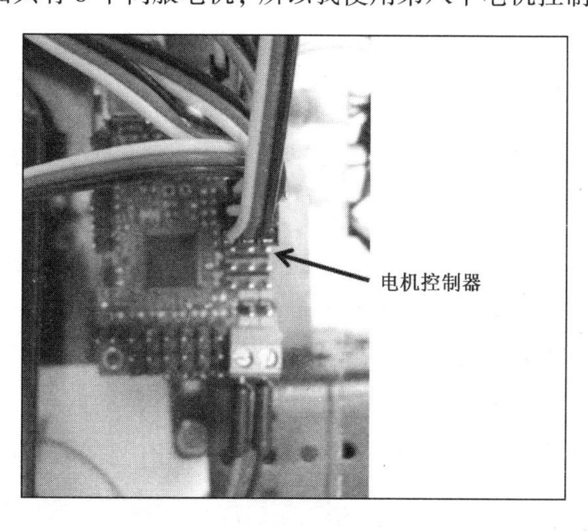

### 7.3.2 任务执行

假设已经正确地安装了传感器，并能够读取数据。在本节中，通过与电机控制器之间的通信，将会添加一种通过电机移动传感器的能力。

因为要访问伺服电机，所以这里使用第 6 章中编写的 robot.py 程序。不过，最好先做个备份，以便将来使用。首先进入包含有 robot.py 程序的目录，我把它存放在了 maestro_linux 目录下，所以在 home 目录下输入命令 cd./maestro_linux，然后建立一个副本：cp robot.py sense.py。

需要修改该程序，如果使用 Emacs 编辑器，输入 emacs sense.py。程序代码如下图所示：

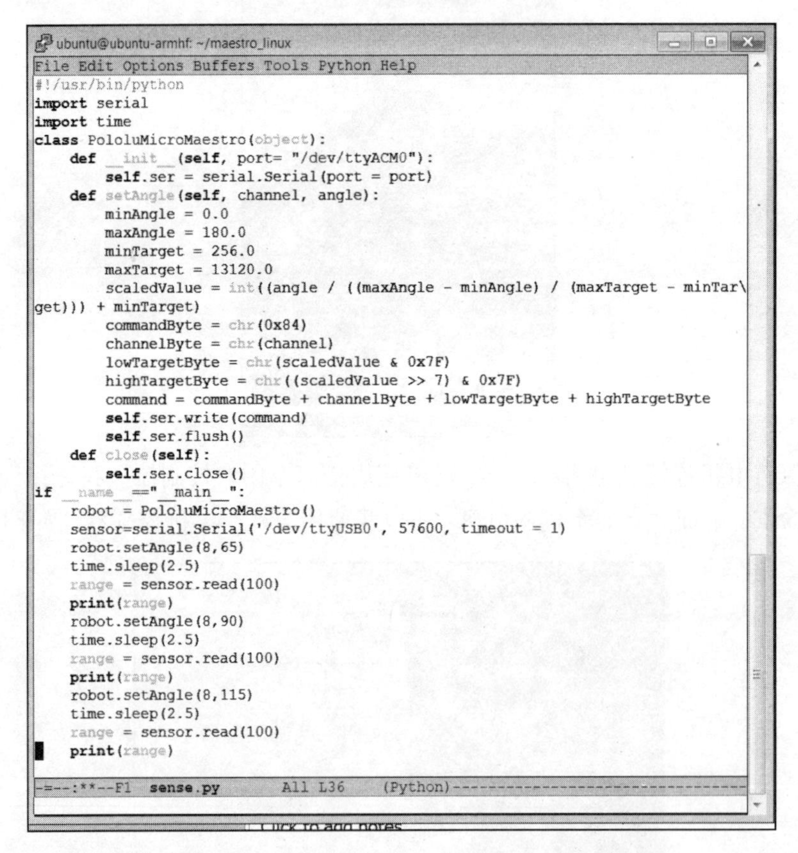


让我们来逐行解读代码，这里从 if __name__ == "__main__": 处开始，因为之前的代码在分析第 6 章的 robot.py 代码时已经解读过了。

➢ robot = PololuMicroMaestro()：初始化伺服电机控制器，并连接到正

确的 USB 端口。

➢ `sensor = serial.Serial('/dev/ttyUSB0', 57600, timeout =1)`：该命令打开连接声呐传感器的`/dev/ttyUSB0`串口，并设置参数。

➢ 现在可以让伺服电机旋转到指定位置，然后读取传感器数据。在本例中，我们让电机转动65°，90°和115°三个角度。在每个位置，启动读取距离操作。注意，根据设备厂家的规格，为了读到稳定读数，需要等待2.5秒，才能等到传感器的应答。

### 7.3.3 任务完成-小结

这样就可以感知到前方和两侧的环境了。下面所给出的一个例子显示了运行程序后所显示的数据：

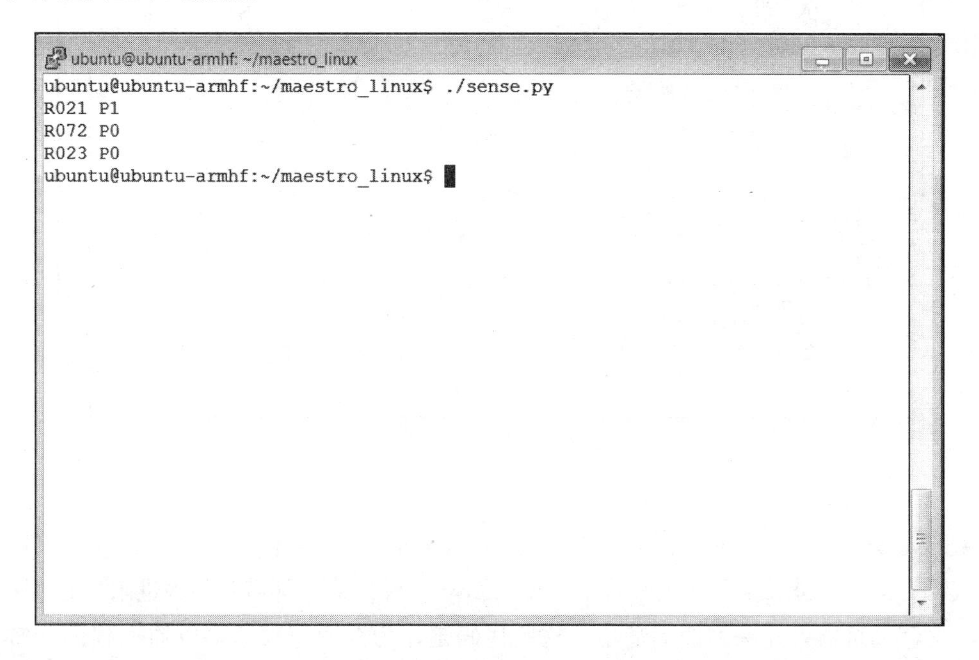


### 7.3.4 补充信息

如果增加传感器/电机组合到轮式小车上，还需要添加伺服电机控制器。电机控制器，伺服控制器以及 USB 声呐或红外传感器可以在 BeagleBone Black 上同时使用。只需要将`dcmotor.py`和`sense.py`程序合并，这样你就可以访问所有功能。

下图所示是程序的清单：

```
ubuntu@ubuntu-armhf: ~/smc_linux
File Edit Options Buffers Tools Python Help

if __name__=="__main__":
    motor1 = MotorControllerOne()
    motor2 = MotorControllerTwo()
    robot = PololuMicroMaestro()
    sensor=serial.Serial('/dev/ttyUSB0', 57600, timeout = 1)
    motor1.exitSafeStart()
    motor2.exitSafeStart()
    motor1.setSpeed(int(2000))
    motor2.setSpeed(int(-2000))
    time.sleep(.5)
    motor1.setSpeed(int(0))
    motor2.setSpeed(int(0))
    robot.setAngle(8,65)
    time.sleep(2.5)
    range = sensor.read(100)
    print(range)
    robot.setAngle(8,65)
    time.sleep(2.5)
    range = sensor.read(100)
    print(range)
    robot.setAngle(8,90)
    time.sleep(2.5)
    range = sensor.read(100)
    print(range)
    robot.setAngle(8,115)
    time.sleep(2.5)
    range = sensor.read(100)
    robot.setAngle(8,90)
    time.sleep(2.5)
    range = sensor.read(100)
    print(range)
    robot.setAngle(8,115)
    time.sleep(2.5)
    range = sensor.read(100)
    time.sleep(.5)
    motor1.close()
    motor2.close()

-=--:**--F1  sense.py      All L1     (Python)-------------------------------
```

为了看到更多的代码内容，这里没有显示出#include serial 和 time，MotorControllerOne 和 MotorControllerTwo 类来自于 dcmotor.py 文件，PololuMicroMaestro 类来自于 robot.py 文件。这些都需要包含进来，主程序将会移动机器人并探测四周环境。这些代码是作为今后编写移动机器人程序非常好的起点。

## 7.4 任务完成

恭喜！你的机器人现在可以探测并规避墙壁或者是其他障碍物了。同样，可以使用这些传感器来探测希望寻找的物体。

## 7.5 挑战

同时使用两个此类传感器就可以做到真正寻找到一个物体。这一能力可以帮助机器人找到特定物体的位置。在网站 http://www.maxbotix.com/documents/MaxBotix_Ultrasonic_Sensors_Find_Direction_and_Distance.pdf 可以找到详细方法，经过前面的学习，相信你已经具备了为机器人增加此类能力所需的知识了。

第 8 章

# 真正的移动——远程遥控机器人

到目前为止，你已经拥有了一个可以四处移动的机器人。它不仅可以接受命令，观察，甚至还能够避开障碍物。本章可以指导你如何通过无线方式与机器人进行通信。

## 8.1 任务简述

机器人已经能够移动了，但是当需要与机器人通信时，仍然需要使用网线。本章中，你将会学到如何不使用网线，但是仍然能够控制机器人。

### 8.1.1 亮点展示

当将机器人放置在其他地方，你仍然希望能够与之进行通信，而无须连接上一根导线。如果有这样的能力，就可以远程改变机器人动作。无须发生物理上的接触，还能够保持完全的控制。

**下载样例代码和彩色图片**

可以通过访问 http://www.huaxin.com.cn 获取本书的样例代码和彩色图片。也可以通过访问 http://www.packtpub.com/support 网页得到这些文件。

### 8.1.2 目标

在此项目中，你将：

- 连接一个无线 USB 键盘到 BeagleBone Black。
- 使用键盘控制机器人。

### 8.1.3 任务检查清单

在此项目中，你将会学习如何通过无线连接你的设备。有很多种实现方法，这里选择使用标准的无线输入设备，来帮助你实现远程控制机器人。

首先需要购买一个 BeagleBone Black 上使用的小尺寸 LCD 屏。这可以让你监视机器人的工作状态。以前，需要使用一个独立的计算机显示器。但是一个 HDMI 或者 DVI 显示器体积太大，无法进行移动。幸运的是，有很多便宜的小尺寸 LCD 屏，可以与 BeagleBone Black 连接。下图所示是我所使用的 LCD 屏：

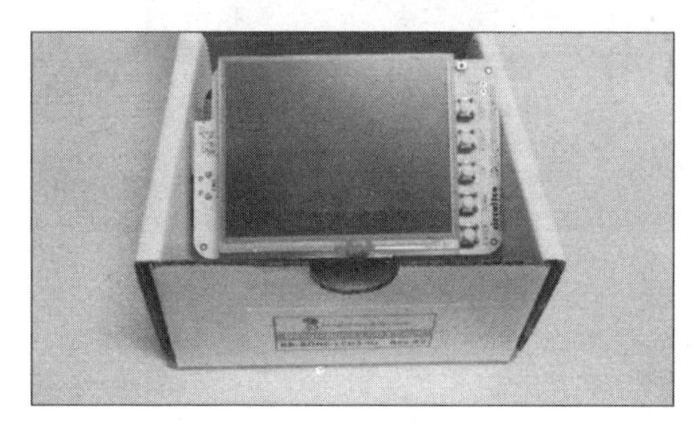

上图中的 LCD 屏来自于 CircuitCo 公司，可以从亚马逊或者是其他在线电子商店采购到，所以应该在几乎任何地方都能够得到。有很多种针对 BeagleBone Black 的 LCD 硬件，我们使用的是 3.5 英寸的 LCD，其分辨率为 320×240。其他尺寸，如 4.5 英寸，具有 480×270 的分辨率。下图所示是一个更大尺寸的 LCD 屏，由 4D 系统公司生产。

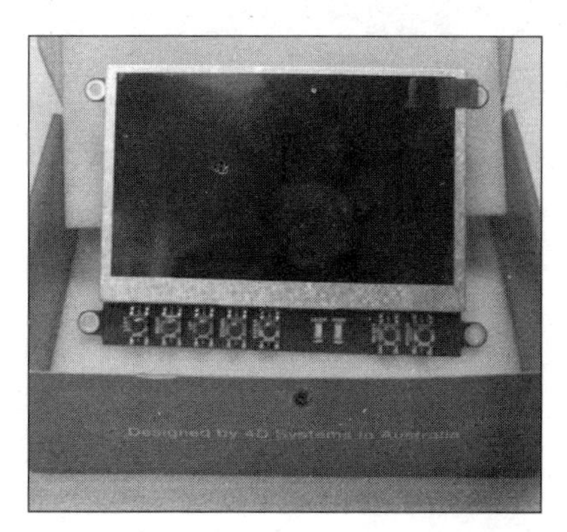

最大尺寸是7英寸的LCD，显示分辨率为800×480。我个人倾向于使用小尺寸的LED，因为便于安装在机器人身上。

该LCD电路板正好可以安装在BeagleBone Black的上方，下图显示的是LCD屏电路板底部：

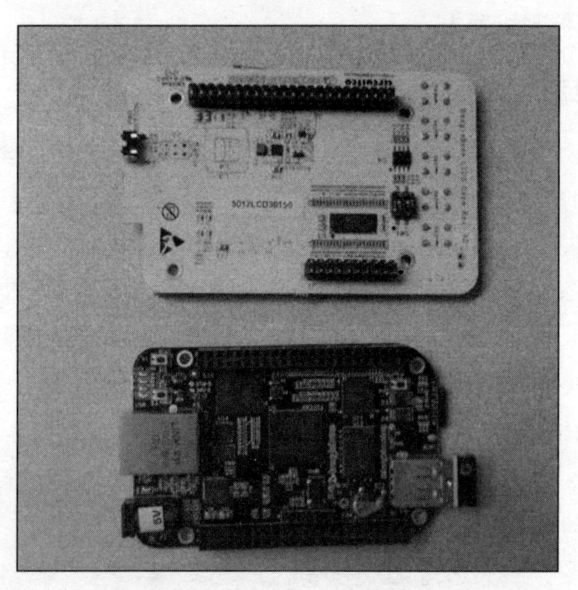

LCD电路板上的插针正好插入到BeagleBone Black的连接器上，LCD朝上。下图显示BeagleBone Black和LCD安装好后的侧视图：

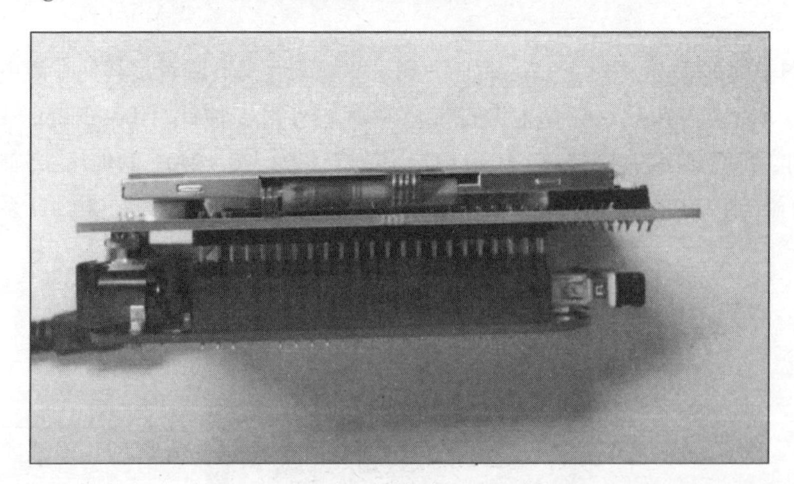

现在，为BeagleBone Black编写的程序可以直接从机器人平台上查看结果了。不需要额外的软件开发，BeagleBone Black上的Ubuntu系统可以检测到LCD屏幕，并在上面显示启动信息。当系统启动后，显示的情况如下图所示：

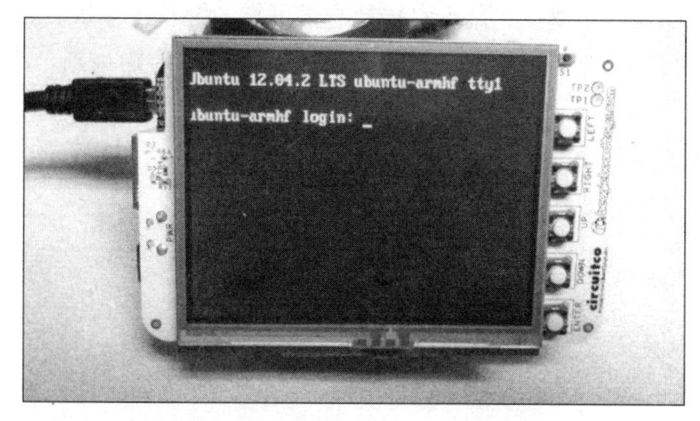


如果你连接了 USB 键盘到 BeagleBone Black，登录后输入 startx，就可以看到 Xfce4 图形系统。如下图所示：

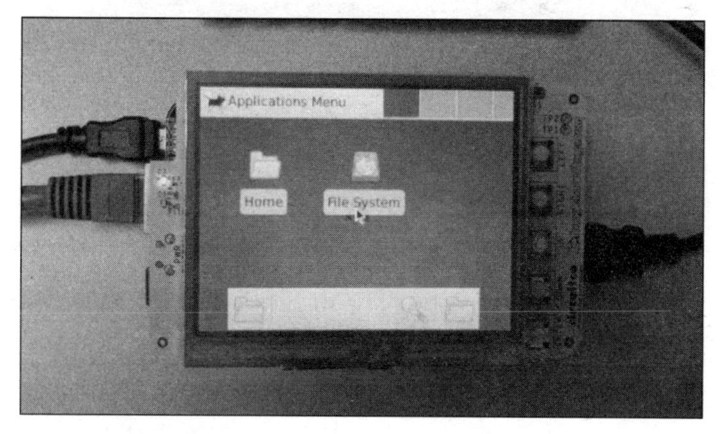


现在，就可以在 LCD 上显示出 BeagleBone Black 内部的工作情况。下面需要选择无线输入设备。

一个标准的 2.4 GHz 无线键盘如下图所示：

上图中显示了一个罗技键盘。罗技制造了可靠的键盘，与 BeagleBone Black 连接得非常好。可以从亚马逊或者是其他电子或计算机商店购买到。注意到键盘上有一个内置的鼠标。

另外一种选择是小键盘，更像是一个游戏控制器。它可以让你的机器人看起来更酷，而且控制起来也更加便捷。

上图显示了一个 2.4 GHz 的无线键盘，由 HausBell 制造。体积很小，差不多与一个游戏控制器大小相当。也不是很贵，在亚马逊网站上可以购买到。

与 BeagleBone Black 之间进行无线通信的技术还有很多选择。蓝牙是一种常用技术，并且也能胜任，但是增加了配对的复杂性。键盘上使用的 2.4 GHz 无线技术和无线 USB 接收器已经配好对，所以买回来就可以工作。一旦 USB 接收器插入到 USB 口，系统就能够自动识别。

2.4 GHz 无线设备与无线局域网设备使用相同的频段，但是却使用不同于无线局域网的调制技术和协议，实际上，它们使用的是设备和企业专用的调制技术和协议。

当面对多台设备时，大都采用同样的技术手段，就是在 2.4 GHz 的频带定义一些不同的信道，或者是频率范围。键盘与 USB 接收器使用其中一个频点进行通信。不过，如果键盘或者 USB 接收器监听到有其他设备使用同样的频点传输，那么就会跳变到不同的频点上，以防止干扰。

无线键盘和 USB 接收器之间的通信已经过加密，所以只有配对的键盘和 USB 接收器可以理解双方的报文。键盘/接收器之间的通信距离取决于两者的发射功率，功率越高，通信距离越长。不幸的是，高功率意味着电池使用时间的减少。大多数无线键盘被限定为在 10 米范围内工作，即 30 英尺。

## 8.2 将 BeagleBone Black 连接到无线 USB 键盘

前面已经能够使用局域网网线来控制机器人了，但是如果不希望一直牵着一根线，那么本节将会向你展示如何使用无线键盘进行连接。

### 8.2.1 任务准备

拆开 USB 键盘包装，取出 USB 接收器(USB dongle)。将 USB 接收器插入到 USB hub，再将 USB hub 插入到 BeagleBone Black 的 USB 端口。如果使用标准的 USB 2.4 GHz 无线键盘，整个系统如下图所示：

可以采用同样的方式使用类似于游戏控制器的 2.4 GHz 无线键盘。

### 8.2.2 任务执行

为 USB hub 和 BeagleBone Black 供电。稍后，系统将启动并显示登录提示。当输入用户名后，可以看到相应的字符，类似于下面的图片：

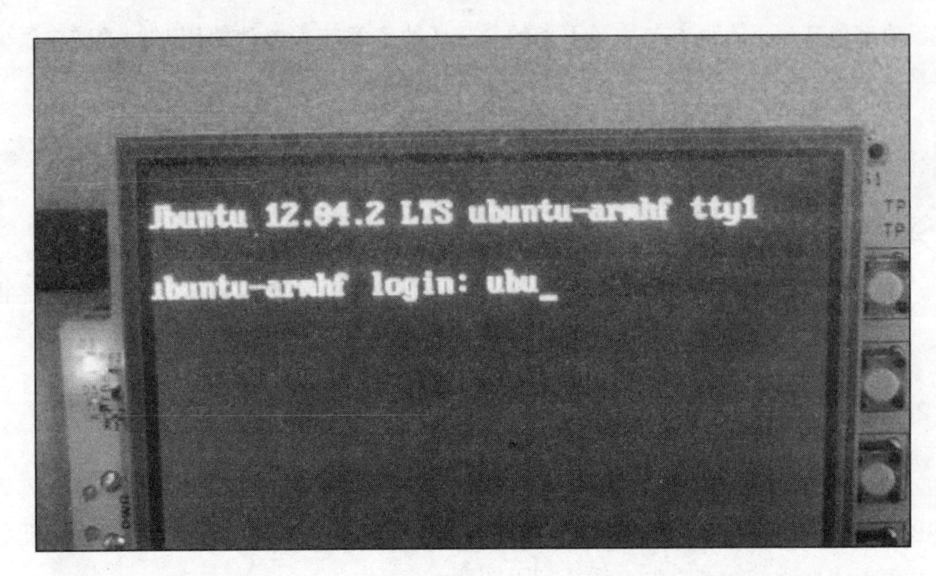


在输入用户名和口令之后，可以输入 startx，启动 Xfce 图形系统。现在应该也可以使用鼠标移动光标，如下图所示：

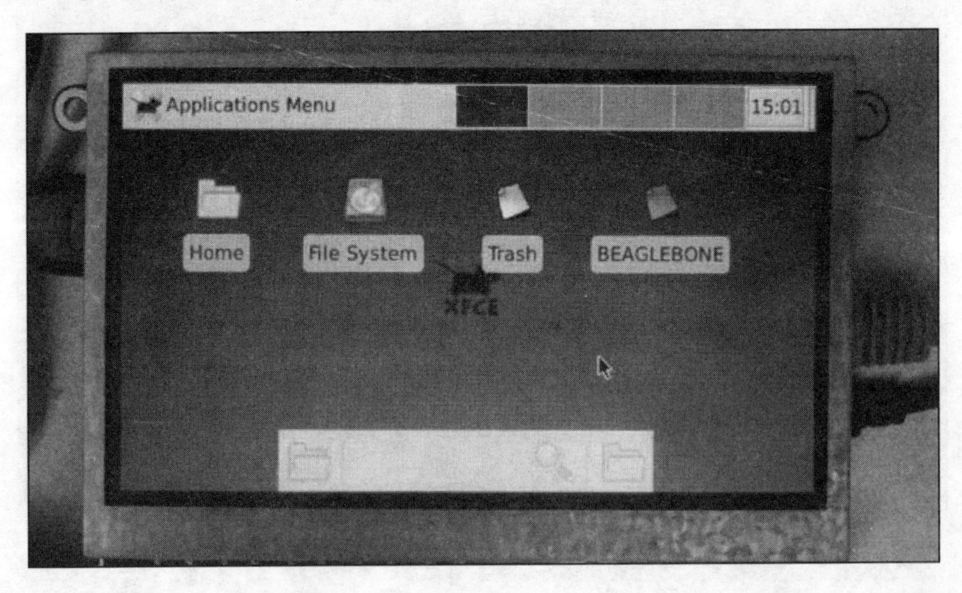


### 8.2.3 任务完成-小结

现在有了键盘和鼠标输入，接下来将介绍如何在程序中接收键盘输入，以控制机器人。

## 8.3 使用键盘控制你的项目

现在键盘已经连接好，让我们来看看如何在 BeagleBone Black 上接收命令。

### 8.3.1 任务准备

有了无线键盘，现在可以远程输入命令了。接下来我们创建一个程序，可以接收这些命令，并执行它们。有很多种选择，这里会给出两个具体的例子。第一个是简单地在程序中包含命令接口。我们使用之前写过的 robot.py 程序，用来移动履带式机器人。如果需要，可以做个备份：cp robot.py remote.py。下面的截图显示需要修改的代码。

```
ubuntu@ubuntu-armhf: ~/smc_linux
File Edit Options Buffers Tools Python Help
if __name__=="__main__":
    motor1 = MotorControllerOne()
    motor2 = MotorControllerTwo()
    print 'Ports created'
    motor1.exitSafeStart()
    motor2.exitSafeStart()
    print 'SafeStart'
    motor1.setSpeed(int(2000))
    motor2.setSpeed(int(-2000))
    print 'setSpeed'
    time.sleep(.5)
    motor1.setSpeed(int(0))
    motor2.setSpeed(int(0))
    time.sleep(.5)
    print 'at the end'
    motor1.close()
    motor2.close()
    print 'done'

-=--:----F1  dcmotor.py     Bot L57     (Python)------------------------------
```

### 8.3.2 任务执行

为了增加用户控制，需要使用两个新的编程结构：while 循环和 if 语句。在程序中增加后将进行解释。下图显示需要修改的代码区域。

```
ubuntu@ubuntu-armhf: ~/smc_linux
File Edit Options Buffers Tools Python Help

if __name__=="__main__":
    motor1 = MotorControllerOne()
    motor2 = MotorControllerTwo()
    motor1.exitSafeStart()
    motor2.exitSafeStart()
    var = 'n'
    while var != 'q':
        var = raw_input(">")
        if var == '<':
            motor1.setSpeed(int(2000))
            time.sleep(.5)
            motor1.setSpeed(int(0))
        if var == '>':
            motor2.setSpeed(int(-2000))
            time.sleep(.5)
            motor2.setSpeed(int(0))
        if var == 'f':
            motor1.setSpeed(int(2000))
            motor2.setSpeed(int(-2000))
            time.sleep(.5)
            motor1.setSpeed(int(0))
            motor2.setSpeed(int(0))
        if var == 'r':
            motor1.setSpeed(int(-2000))
            motor2.setSpeed(int(2000))
            time.sleep(.5)
            motor1.setSpeed(int(0))
            motor2.setSpeed(int(0))
    motor1.close()
    motor2.close()

-=--:----F1  remote.py      Bot L71    (Python)-----------------------------
```

编辑该代码并进行如下的修改。在 if __ name __ = "__ main __"语句之后添加以下代码：

1. var = 'n'：定义一个变量 var，类型为字符型，在程序中用来接收用户的输入。
2. whilevar ! = 'q'：增加循环控制。直到用户输入 q 字符，该循环将一直进行下去。
3. var = raw_input( " > ")：从用户获得字符输入。
4. if var = = ' < '：检查用户输入，如果是 < 字符，会运行右直流电机 0.5 秒，驱动机器人左转（实际电机开动时间需要自行确定，代码中是 0.5 秒，实际可能会大于或小于 0.5 秒）。
5. 输入下面的几行代码，会发送一个速度命令到电机，等待 0.5 秒，然后发送停止命令。

6. `if var == '>'`：检查用户输入，如果是 > 字符，会运行左直流电机 0.5 秒，驱动机器人右转(实际电机开动时间需要自行确定，代码中是 0.5 秒，实际可能会大于或小于 0.5 秒)。
7. 输入下面的几行代码，会发送一个速度命令到电机，等待 0.5 秒，然后发送停止命令。
8. `if var == 'f'`：检查用户输入，如果是 f 字符，则会同时运行左、右直流电机 0.5 秒，驱动机器人向前直行(需要设定每个电机的速度，以保证向前直行)。
9. 输入下面的几行代码，会发送一个速度命令到电机，等待 0.5 秒，然后发送停止命令。
10. `if var == 'r'`：检查用户输入，如果是 r 字符，会同时反转左、右直流电机 0.5 秒，驱动机器人后退(需要设定每个电机的速度，以保证向后直行)。
11. 输入下面的几行代码，会发送一个速度命令到电机，等待 0.5 秒，然后发送停止命令。

一旦编辑完毕，输入如下代码保存并设置为可执行：`chmod + x remote.py`。现在可以运行该程序，但是这次将通过无线键盘输入命令。如果还没有登录到 BeagleBone Black，确保可以看到 LCD 屏幕，然后通过无线键盘登录。然后，就可以拔掉网线了。现在可以通过无线键盘保持与 BeagleBone Black 之间的通信，组装好的系统如下图所示：

使用无线键盘和 LCD 屏幕，进入到 remote.py 程序的目录。在我的机器中，目录为/home/Ubuntu/smc_linux，所以我在 home 目录输入命令 cd smc_linux。现在可以运行该程序：./remote.py。屏幕会显示提示，每输入一个合适的命令（<，>，f 或 r），然后输入回车，机器人应该会按照要求移动。不过需要提醒的是，采用这种无线技术，工作范围在 30 英尺内，所以不要让机器人跑得太远了。

### 8.3.3 任务完成-小结

现在可以使用无线键盘远程控制机器人的移动了！还可以将机器人带到室外。不再需要网线来运行程序了，因为已经改成使用 LCD 屏幕和无线键盘了。

### 8.3.4 补充信息

有一个改进可以让你不需要在输入每个字符后都要输入回车。为此，需要导入一些新的库，然后添加一个函数，从而可以获取每个字符而无须输入回车。下图所示是代码中需要做的一个改变：

```
ubuntu@ubuntu-armhf: ~/smc_linux
File Edit Options Buffers Tools Python Help
#!/usr/bin/python
import serial
import time
import tty
import sys
import termios
class MotorControllerOne(object):
    def __init__(self, port="/dev/ttyACM0"):
        self.ser=serial.Serial()
        self.ser.port= port
    def exitSafeStart(self):
        command = chr(0x83)
        self.ser.open()
        self.ser.write(command)
        self.ser.flush()
        self.ser.close()
    def setSpeed(self, speed):
-=--:----F1  remote.py      Top L1     (Python)----------------------------
For information about GNU Emacs and the GNU system, type C-h C-a.
```

你需要增加 import tty，import sys 和 import termios。这些都是新增函数需要的库。下图显示了新增函数，以及调用的方法：

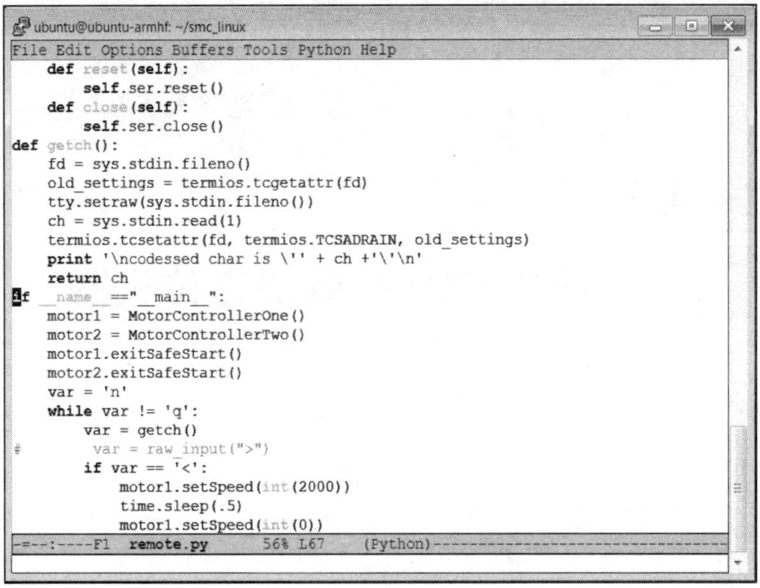

```
ubuntu@ubuntu-armhf: ~/smc_linux
File Edit Options Buffers Tools Python Help
    def reset(self):
        self.ser.reset()
    def close(self):
        self.ser.close()
def getch():
    fd = sys.stdin.fileno()
    old_settings = termios.tcgetattr(fd)
    tty.setraw(sys.stdin.fileno())
    ch = sys.stdin.read(1)
    termios.tcsetattr(fd, termios.TCSADRAIN, old_settings)
    print '\ncodessed char is \'' + ch +'\'\n'
    return ch
if __name__=="__main__":
    motor1 = MotorControllerOne()
    motor2 = MotorControllerTwo()
    motor1.exitSafeStart()
    motor2.exitSafeStart()
    var = 'n'
    while var != 'q':
        var = getch()
#        var = raw_input(">")
        if var == '<':
            motor1.setSpeed(int(2000))
            time.sleep(.5)
            motor1.setSpeed(int(0))
-=--:----F1  remote.py       56% L67    (Python)----------------------------
```

从函数 defgetch():开始复制代码到你的程序中。这里不再详细解释，只需要知道目标是获取一个字符而无须输入回车键。函数中的 print 语句是可选的。我个人喜欢用来映射键盘上不同的键。关键之处在于，这里不再使用 var = raw_input(">")读取字符，而是使用 var = getch()。

在运行之后，你的程序改变了终端的设置。所以无法使用 Ctrl + C 来停止程序，而是需要输入 q，这样终端设置将被恢复。

## 8.4 任务完成

恭喜！现在可以将你的机器人带到一个更大的环境中。甚至可以使用 LCD 和键盘来对程序进行修改，虽然小尺寸屏幕看起来有些费劲。

## 8.5 挑战

游戏键盘对于很多用户来说使用起来更加舒服。其实有很多种无线键盘，如果希望让系统看起来更像一个真实的视频游戏，你都可以试试看。在我的系统中，实际上使用来自 HausBell 的无线键盘，并将方向键映射为机器人的前进、后退、左转、右转功能。具体哪个按键进行了转换，只需要运行程序，查看打印语句即可。

# 第 9 章

# 使用 GPS 接收器定位机器人

现在，你的机器人已经能够四处移动，接收命令，观察周围情况，甚至可以躲避障碍物。本章将帮助你定位移动中的机器人，当机器人具有自主行动能力时此功能特别有用。

## 9.1 任务简述

机器人移动时，可不能让它们走丢了。可以为其安装 GPS 接收器，以便我们随时掌握机器人的位置。

### 9.1.1 亮点展示

当设备自由移动时，你不光想知道它身在何处，而且想知道它是否到达目标位置。完成这项工作最酷的方法之一是为设备加装 GPS 接收器。本章将向读者展示如何将 GPS 接收器连接到机器人上，以及如何让它们移动到正确位置的。

### 9.1.2 目标

在本项目中，将完成以下步骤：

- 把 GPS 接收器连接到 BeagleBone Black 上。
- 编程访问 GPS 接收器，控制其向目标位置移动。

### 9.1.3 任务检查清单

你需要一个 GPS 接收器。有许多不同接口的接收器可供选择，为了避免使用烙铁焊接，或其他复杂的连接方式，我们选择使用带USB接口的GPS接收器。这里有一张我在其他项目中使用过的GPS接收器的图片：

此设备是GlobalSat公司的ND-100S型接收器。它小巧便宜，支持Windows、Apple和Linux三种操作系统，所以它完全可以接入我们的系统。在亚马逊和其他电商网站上都可以买到。不足之处在于，它的灵敏度不如有些接收器那么高。所以对于室内或者其他对GPS信号有屏蔽的地方，应该购买灵敏度更高的GPS接收器。

## 9.2 连接BeagleBone Black到GPS接收器

拆开GPS设备的包装，开始下面的旅程。

### 9.2.1 任务准备

首先简要介绍一下GPS技术的概况。GPS，是全球定位系统的简称。GPS利用卫星信号计算位置信息。任何时刻，地球上空都有24颗卫星传送定位信号，但是你的设备一般只能接收到其中一小部分卫星的信号。

每颗卫星都会发送非常精确的时钟信号，GPS设备可以接收并解析该信号，它依据传输时延和接收到信号的时间，按照三角测量法(triangulation)计算出设备的具体位置。下面两幅图阐释了GPS接收器如何利用三颗卫星的时延之差进行位置计算：

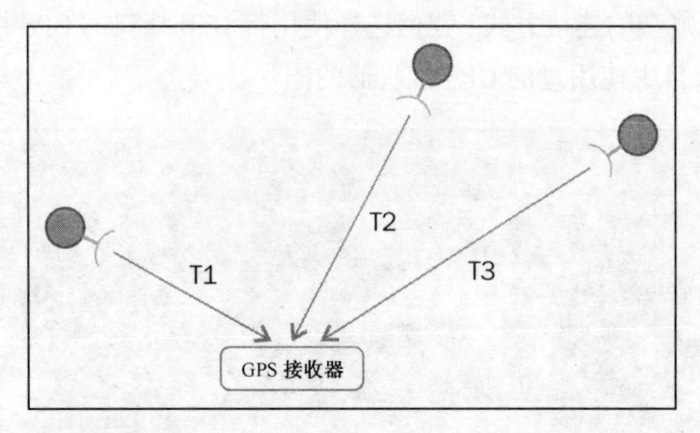


GPS 接收器可以同时接收到三颗卫星的信号，并获得这些信号达到它所用的时延。下图所示的 GPS 接收器位于和上图不同的位置，并且三个信号到达设备的时延也发生了变化。

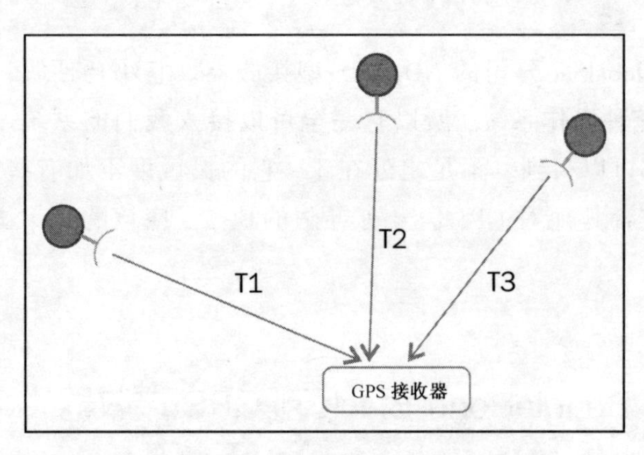


**下载样例代码和彩色图片**

可以通过访问 http://www.huaxin.com.cn 获取本书的样例代码和彩色图片。也可以通过访问 http://www.packtpub.com/support 网页得到这些文件。

利用 T1、T2 和 T3 三个信号的传输时延，通过称为三角测量法的数学运算，可以计算出 GPS 接收器的绝对位置。由于每颗卫星的位置是已知的，所以可以用卫星信号到达 GPS 接收器所用时间来度量卫星和接收器之间的距离。为简化起见，先举一个二维空间的例子。假如 GPS 接收器通过信号传输时延计算出它和卫星之间的距离，就可以作出以卫星为圆心，以接收器到卫星的距离为半径的圆，GPS 接收器就位于圆周上，如下图所示：

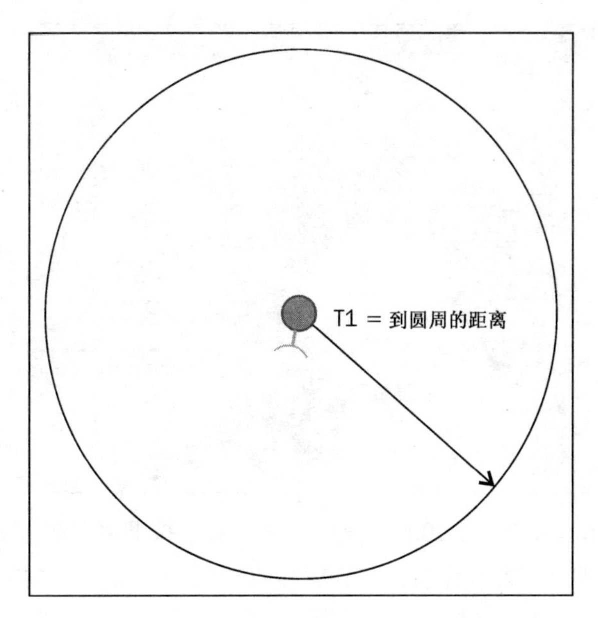


假如有两颗卫星，并且分别知道它们到接收器的距离，就可以按照上图所示的方法画出两个圆，如下图所示：

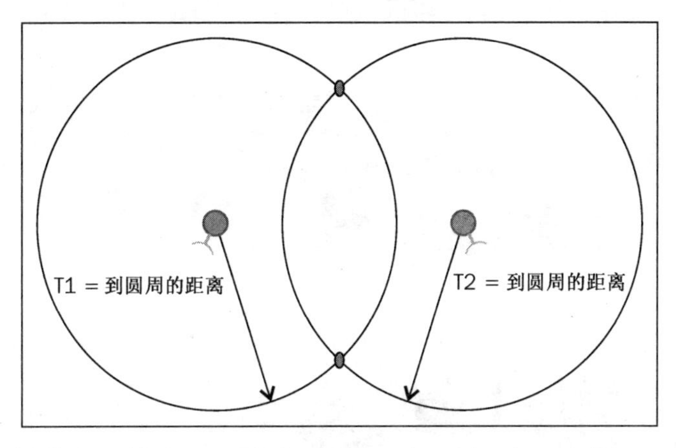


因为我们知道 GPS 接收器是圆周上的某一点，所以它必然位于两圆周相交的两点之一。如果再加一颗卫星进行定位，那么就可以消除两个点的歧义，得到接收器的精确位置。如果要在任意地点进行三维定位，就需要更多的卫星。

接下来要连接 GPS 接收器了。第一步，建议先将其连接到 PC 上试一试。这样做可以让你知道接收器是否能正常工作，并且有助于理解它的工作方式。这一步成功以后，再将其连接到 BeagleBone Black 上。

为了在 PC 上安装 GPS 接收器，先插入光盘，运行安装程序。可以看到如下界面：

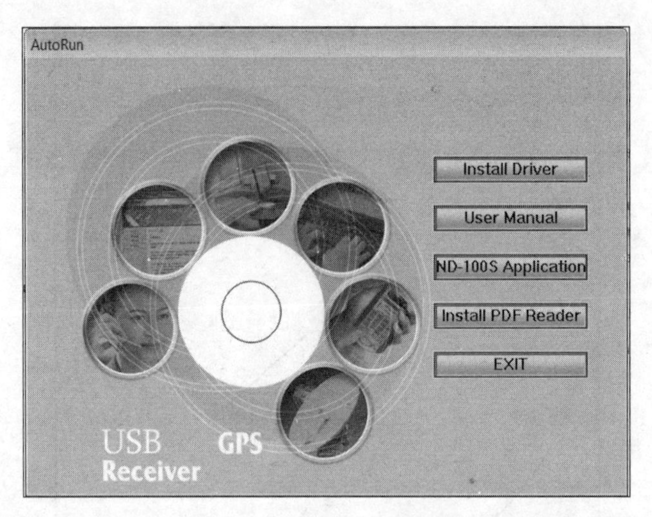


单击 Install Driver 和 ND-100S Application 按钮，按照默认的指示一步步完成安装。驱动和应用程序都安装完后，将 GPS 接收器插入 PC 的 USB 接口。接收器末端的蓝光闪亮，提示设备已经接入 PC。操作系统将会自动识别该设备，并安装对应的驱动，随后就可以访问设备了(此过程需要花费几分钟时间)。为了保证设备安装成功，检查开始菜单中的“设备和打印机”选项(针对 Windows7 系统)，可以看到如下界面：

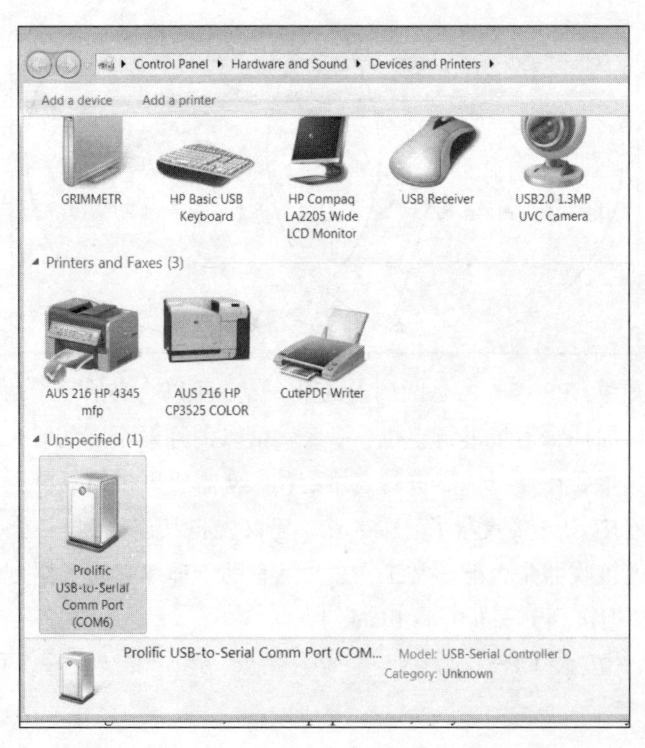

设备安装成功后，运行 GPS 应用程序。启动界面如下图所示：

单击左上角的 Connect 按钮，界面显示如下：

不幸的是，如果你在室内或者其他接收 GPS 卫星信号有困难的地方，接收器将很难定位成功。如果想知道系统运行情况，即使它还没找到信号，单击屏幕左下角的 Terminal 选项卡，可以看到如下界面：

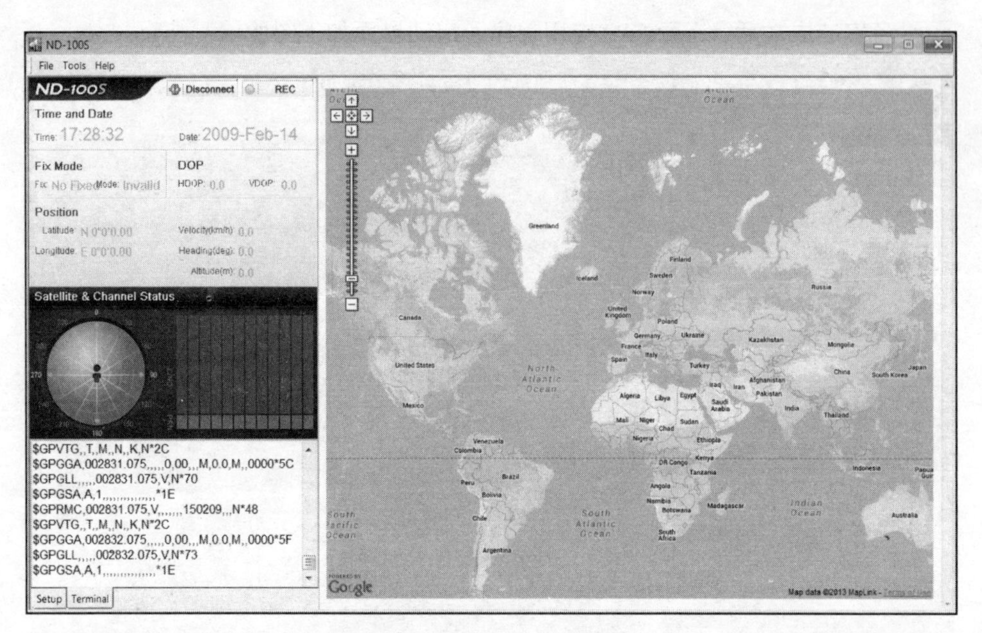


注意左下角窗口，它显示设备正在进行定位操作。开始时，设备在我的办公室内，它无法找到卫星信号，在对信号有屏蔽作用的建筑物内这不奇怪。接下来，将设备移出办公室。

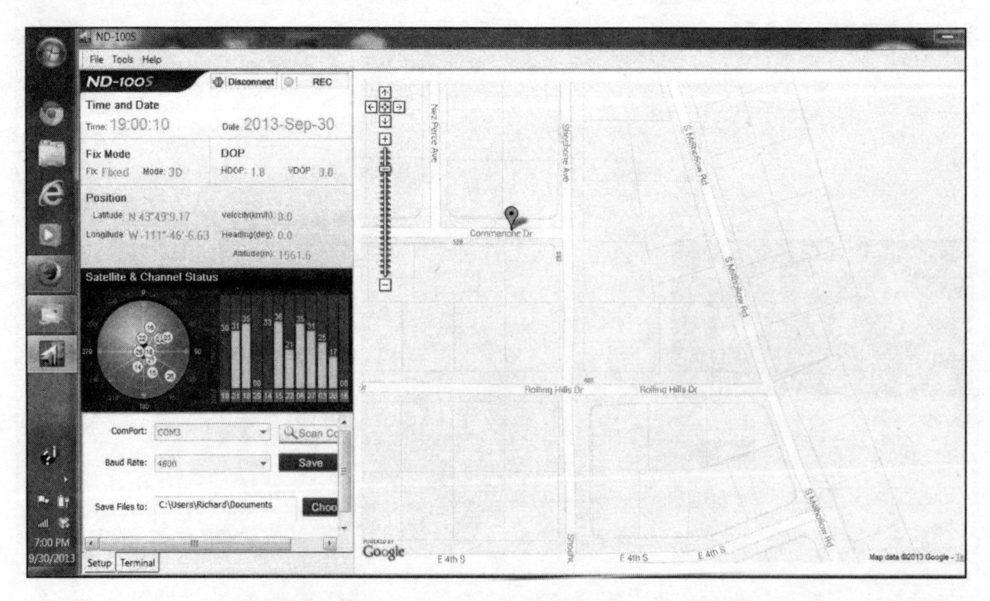


你会发现 GPS 接收器末端的蓝色 LED 灯在不停地闪烁，表示现在已经定位成功。打开 Terminal 选项卡，其中会显示从 GPS 卫星接收到的原始数据。

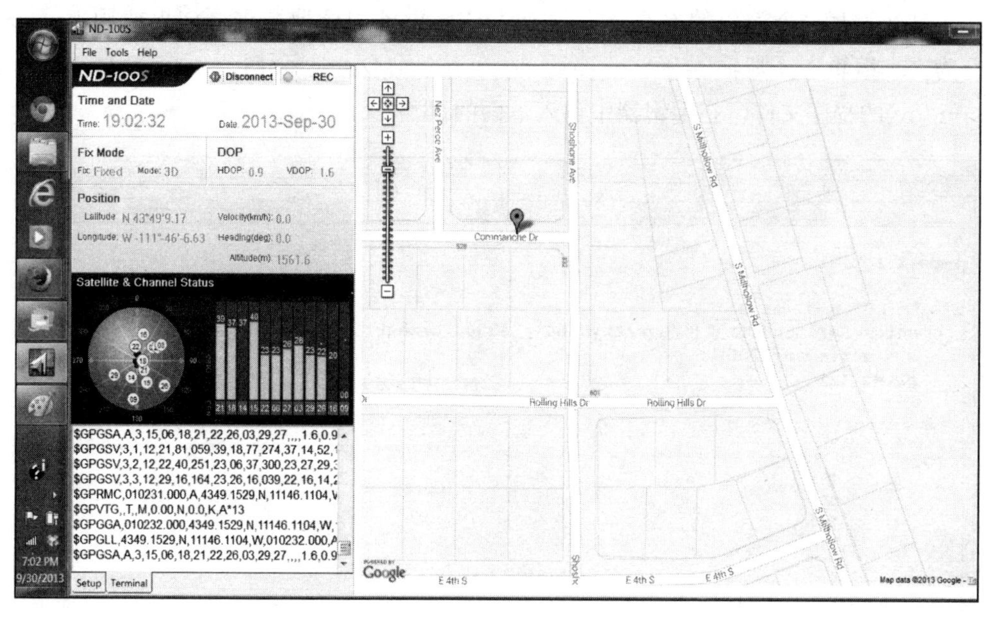


我们将在下一节中使用上述原始数据来规划到目的地的路径。所以，在可接收到 GPS 信号的环境下，GPS 接收器可以同步更新和显示当前位置。下一步我们将把 GPS 接收器连接到 BeagleBone Black 机器人上。

### 9.2.2 任务执行

首先，将 GPS 接收器插入 BeagleBone Black 的某个空闲 USB 接口上。接收器上电后，输入 `lsusb` 命令，可以看到如下输出：

```
ubuntu@ubuntu-armhf: ~
ubuntu@ubuntu-armhf:~$ lsusb
Bus 001 Device 002: ID 1a40:0101 Terminus Technology Inc. 4-Port HUB
Bus 001 Device 001: ID 1d6b:0002 Linux Foundation 2.0 root hub
Bus 001 Device 003: ID 1a40:0101 Terminus Technology Inc. 4-Port HUB
Bus 001 Device 004: ID 067b:2303 Prolific Technology, Inc. PL2303 Serial Port
Bus 001 Device 005: ID 1ffb:00a1
Bus 001 Device 006: ID 1ffb:00a1
Bus 001 Device 007: ID 046d:c52b Logitech, Inc. Unifying Receiver
ubuntu@ubuntu-armhf:~$
```

输出结果中显示字符串“`Prolific Technology, Inc. PL2303 Serial Port`”，表示 GPS 接收器已经连接到了 BeagleBone Black 系统中。

现在编写一个简单的 Python 程序，从 GPS 设备中读取数据。如果使用 Emacs 作为文本编辑器，则输入 emacs measgps.py 命令。它会创建一个名为 measgps.py 的程序文件。在编辑器中输入下面的代码：

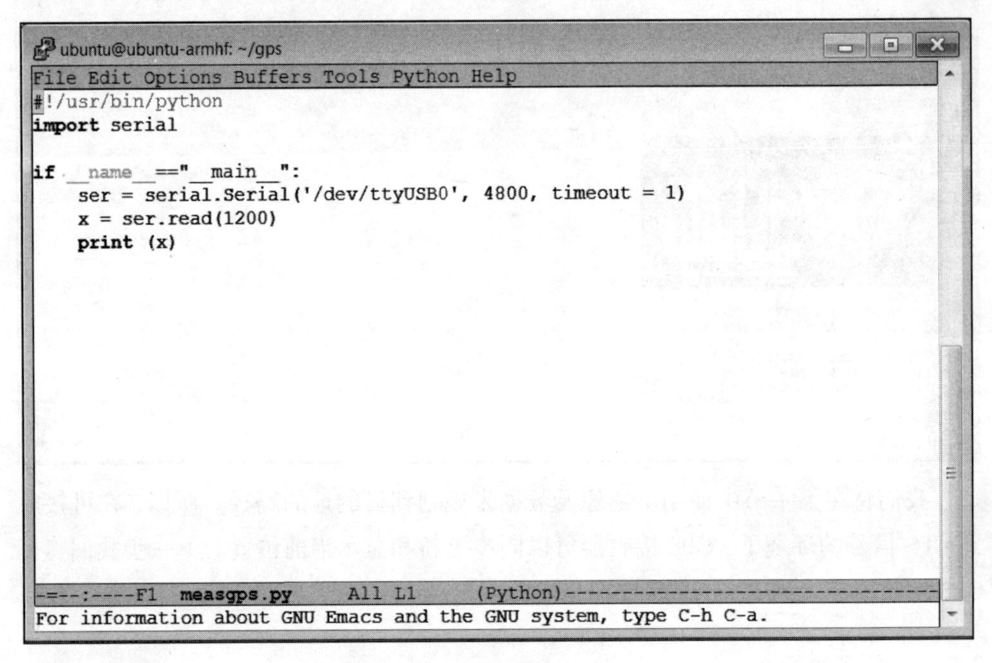


我们浏览一下代码看看它到底做了哪些事：

1. #! /usr/bin/python：该行代码使得我们可以在控制台运行此文件。
2. import serial：导入 serial 库，使得我们可以通过串口访问 GPS 接收器。
3. if __name__=="__main__"::定义程序主体部分。
4. ser = serial.Serial('/dev/ttyUSB0', 4800, timeout = 1)：使用设备 /dev/ttyUSB0 建立串口，用它代表 GPS 设备。波特率为 4800，超时间隔 1 秒。
5. x = ser.read(1200)：从串口读取 1200 字节数据，其中包含了完整的 GPS 数据集合。
6. print x：打印读到的数据。

程序编写完成后，就可以运行并和设备进行通信了。输入命令 python measgps.py 运行程序。可以看到和以下输出相似的结果：

```
ubuntu@ubuntu-armhf:~/gps$ python measgps.py
$GPGGA,160113.167,,,,,0,00,,,M,0.0,M,,0000*52
$GPGLL,,,,,160113.167,V,N*7E
$GPGSA,A,1,,,,,,,,,,,,,,,*1E
$GPRMC,160113.167,V,,,,,,,011013,,,N*4B
$GPVTG,,T,,M,,N,,K,N*2C
$GPGGA,160114.170,,,,,0,00,,,M,0.0,M,,0000*53
$GPGLL,,,,,160114.170,V,N*7F
$GPGSA,A,1,,,,,,,,,,,,,,,*1E
$GPRMC,160114.170,V,,,,,,,011013,,,N*4A
$GPVTG,,T,,M,,N,,K,N*2C
$GPGGA,160115.170,,,,,0,00,,,M,0.0,M,,0000*52
$GPGLL,,,,,160115.170,V,N*7E
$GPGSA,A,1,,,,,,,,,,,,,,,*1E
$GPRMC,160115.170,V,,,,,,,011013,,,N*4B
$GPVTG,,T,,M,,N,,K,N*2C
$GPGGA,160116.167,,,,,0,00,,,M,0.0,M,,0000*57
$GPGLL,,,,,160116.167,V,N*7B
$GPGSA,A,1,,,,,,,,,,,,,,,*1E
$GPGSV,1,1,00*79
$GPRMC,160116.167,V,,,,,,,011013,,,N*4E
$GPVTG,,T,,M,,N,,K,N*2C
$GPGGA,160117.167,,,,,0,00,,,M,0.0,M,,0000*56
$GPGLL,,,,,160117.167,V,N*7A
$GPGSA,A,1,,,,,,,,,,,,,,,*1E
$GPRMC,160117.167,V,,,,,,,011013,,,N*4F
$GPVTG,,T,,M,,N,,K,N*2C
$GPGGA,160118.170,,,,,0,00,,,M,0.0,M,,0000*5F
$GPGLL,,,,,160118.170,V,N*73
$GPGSA,A,1,,,,,,,,,,,,,,,*1E
$GPRMC,160118.170,V,,,,,,,011013,,,N*46
$GPVTG,,T,,M,,N,,K,N*2C
$GPGGA,160119.170,,,,,0,00,,,M,0.0,M,,0000*5E
$GPGLL,,,,,160119.170,V,N*72
$GPGSA,A,1,,,,,,,,,,,,,,,*1E
$GPRMC,160119.170,V,,,,,,,011013,,,N*
ubuntu@ubuntu-armhf:~/gps$
```

从设备读出了 GPS 原始数据，这是个好的迹象。不幸的是，因为设备又搬进了室内，所以目前有效数据不足。怎么知道这一点的呢？我们检查其中一条以 $GPRMC 开头的数据，该行应该给出当前位置的经纬度。该条数据如下：

```
$GPRMC,160119.170,V,,,,,,,011013,,,N*
```

该行的数据格式如下，各个域之间以逗号分隔：

| 0 | 1 | 2 | 3 | 4 | 5 | 6 |
|---|---|---|---|---|---|---|
| $GPRMC | 220516 | A | 5133.82 | N | 00042.24 | W |

| 7 | 8 | 9 | 10 | 11 | 12 |
|---|---|---|---|---|---|
| 173.8 | 231.8 | 130694 | 004.2 | W | *7 |

下表解释了各个域的含义：

| 域 | 值 | 说明 |
|---|---|---|
| 1 | 220516 | 定位时间 |
| 2 | A | 定位状态：A－数据可用，V－数据不可用 |
| 3 | 5133.82 | 纬度 |
| 4 | N | 北半球或南半球 |
| 5 | 00042.24 | 经度 |
| 6 | W | 东半球或西半球 |
| 7 | 173.8 | 位移速度(节) |
| 8 | 3 | 位移方向 |
| 9 | 130694 | 日期 |
| 10 | 0004.2 | 磁偏角 |
| 11 | W | 磁偏角方向 |
| 12 | *70 | 检查位 |

在接收到的数据中，第二个域值等于V，意为设备没有找到足够多的卫星完成定位。将设备放到户外环境，再次运行 `measgps.py`，得到如下结果：

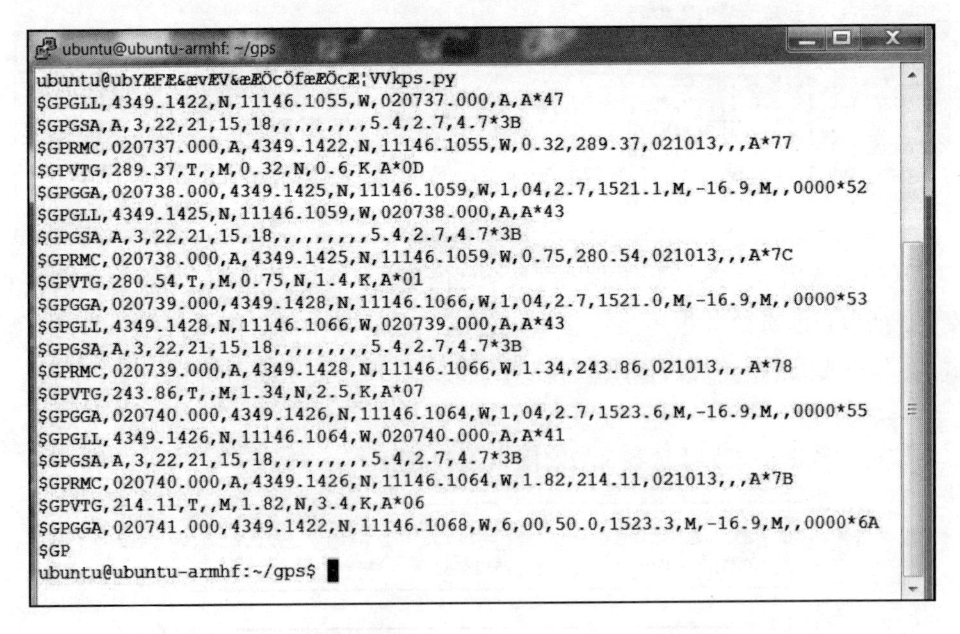


现在读出的 `$GPRMC` 行数据如下：

```
$GPRMC,020740.000,A,4349.1426,N,11146.1064,W,1.82,214.11,
021013,,,A* 7B
```

解析如下：

| 域 | 值 | 说明 |
|---|---|---|
| 1 | 020740.000 | 定位时间 |
| 2 | A | 定位状态：A－数据可用，V－数据不可用 |
| 3 | 4349.1426 | 纬度 |
| 4 | N | 北半球或南半球 |
| 5 | 11146.1064 | 经度 |
| 6 | W | 东半球或西半球 |
| 7 | 1.82 | 位移速度(节) |
| 8 | 214.11 | 位移方向 |
| 9 | 021013 | 日期 |
| 10 | | 磁偏角 |
| 11 | | 磁偏角方向 |
| 12 | *7B | 检查位 |

### 9.2.3 任务完成-小结

现在已经有一些位置指示信息了，不过还只是一些无法理解的原始数据。下一节将给出如何使用它们的方法。

## 9.3 编程访问GPS设备及确定如何向目标移动

目前已经可以访问GPS设备了，接下来看看如何编程处理读到的数据。

### 9.3.1 任务准备

应该已经将GPS设备连接到BeagleBone Black上，并通过串口获取GPS数据了。本节中，将编程处理原始数据，以定位自己的具体位置，如何使用位置信息就看你自己的了。

### 9.3.2 任务执行

完成上一节的任务之后，你应该可以从GPS接收器中读取到原始数据。现在想利用这些数据并做点其他的事情，比如定位当前位置和高度，并确定目标位置是在东南西北哪个方向上。

首先，从原始数据中获取信息。就如先前提到的，我们的位置和速度信息在GPS数据的`$GPMRC`报文中。首先，编写程序从原始数据中解析出有效信息。新建文件(命名为`location.py`)，输入以下代码：

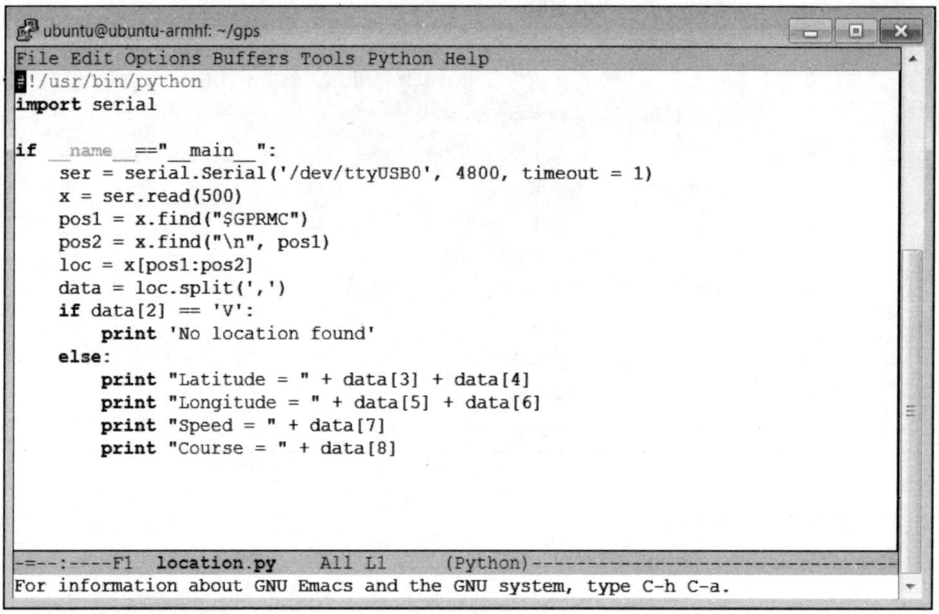

```
ubuntu@ubuntu-armhf: ~/gps
File Edit Options Buffers Tools Python Help
#!/usr/bin/python
import serial

if __name__=="__main__":
    ser = serial.Serial('/dev/ttyUSB0', 4800, timeout = 1)
    x = ser.read(500)
    pos1 = x.find("$GPRMC")
    pos2 = x.find("\n", pos1)
    loc = x[pos1:pos2]
    data = loc.split(',')
    if data[2] == 'V':
        print 'No location found'
    else:
        print "Latitude = " + data[3] + data[4]
        print "Longitude = " + data[5] + data[6]
        print "Speed = " + data[7]
        print "Course = " + data[8]

-=--:----F1  location.py    All L1     (Python)-----------------------------
For information about GNU Emacs and the GNU system, type C-h C-a.
```

我们浏览一下代码看看它们都做了哪些事。

1. `#!/usr/bin/python`：使得我们可以在控制台运行此文件。
2. `import serial`：导入 serial 库，使得我们可以通过串口访问 GPS 接收器。
3. `if __name__=="__main__":`：定义程序主体部分。
4. `ser=serial.Serial('/dev/ttyUSB0', 4800, timeout=1)`：使用设备/dev/ttyUSB0 建立串口，用它代表 GPS 设备，波特率为 4800，超时间隔为 1 秒。
5. `x=ser.read(500)`：从串口读取 500 字节数据，其中包含了完整的 GPS 数据集合。
6. `pos1=x.find("$GPRMC")`：找到 $GPRMC 字符串首次出现的位置，并赋值给变量 pos1。这里，我们想要把 $GPRMC 行提取出来。
7. `pos2=x.find("\n", pos1)`：找到 $GPRMC 行的结尾处。
8. `loc=x[pos1:pos2]`：变量 loc 保存了完整的 $GPRMC 字符串内容。
9. `data=loc.split(',')`：用逗号作分隔符，将 $GPRMC 行的各个域分解到 data 数组中。
10. `if data[2]=='V':`：检查数据是否有效。如果数据无效，则在下一行代码中打印输出未找到有效位置的提示信息。

11. `else:`：如果数据有效，则在余下的若干行中打印输出其具体数值。

以下截屏图显示了当 GPS 接收器找到自身位置时的输出结果：

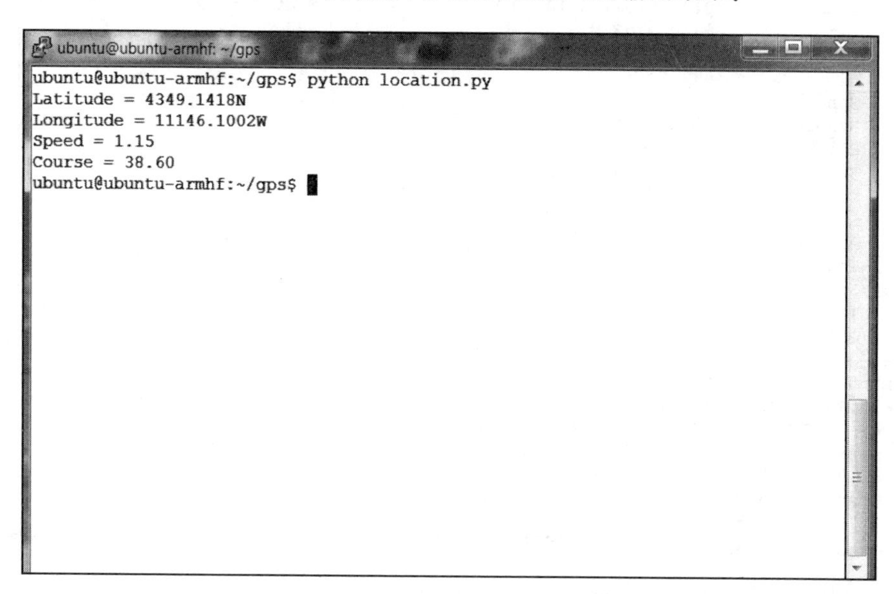


得到上面的结果后，可以利用它们做些有趣的事情。比如，你也许想计算出路径上另一点到当前位置的距离和方向。有些示例代码在网址 http://code.activestate.com/recipes/577594-GPS-distance-and-bearingbetween-two-GPS-points 可以查找到，可以利用该示例计算出目标位置到当前位置的距离，并向目标位置移动。可以将上述示例代码合并到 location.py 程序中，使你的机器人具有距离计算和向目标移动的能力。

### 9.3.3 目标完成-小结

现在，你的机器人可以知道自己的当前位置和到目标位置的方向了！

### 9.3.4 补充信息

还有另一种使用 GPS 接收器的方法，即使用第三方软件访问 GPS，可以使得数据访问更加简单。该程序被包含在 `gpsd` 库中。安装方法是运行命令 `sudo apt-get installgpsdgpsd-clients`，该命令会安装 gpsd 软件。gpsd 的运行方式是开启一个后台程序(称为守护进程 `daemon`)，由后台程序负责与 GPS 设备进行通信。我们只需要向 `gpsd` 索取数据就可以了。输入 `cgps`，打开 `gpsd` 库中的 `cpgs` 程序，可以看到如下界面：

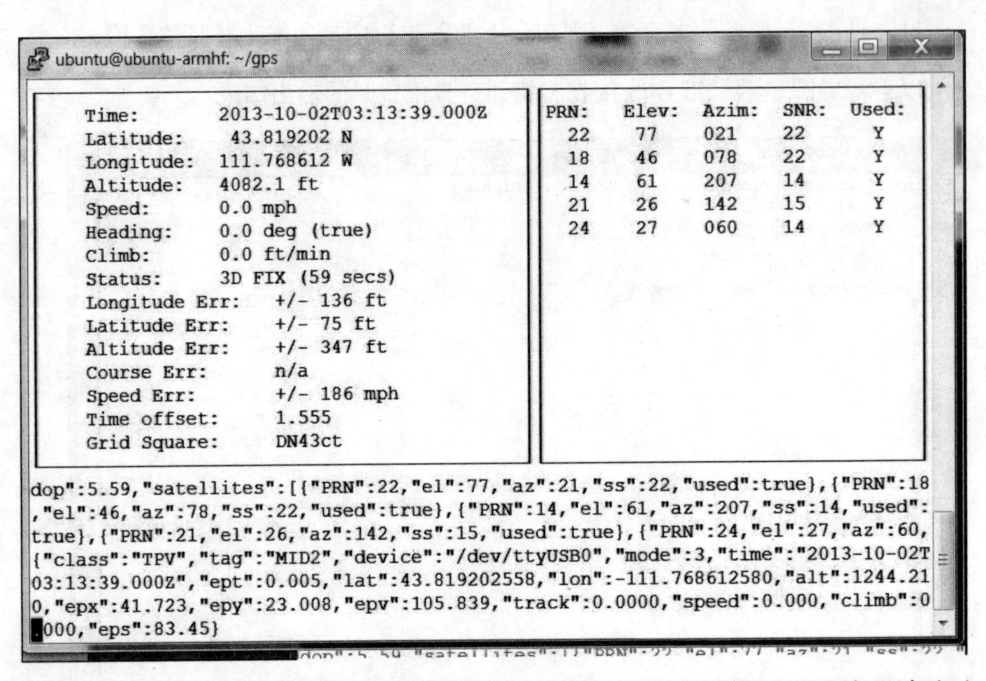


它同时显示了解析出的格式化数据和部分原始数据。我们也可以编程读取这些数据。编辑文件 gpsd.py，输入如下代码：

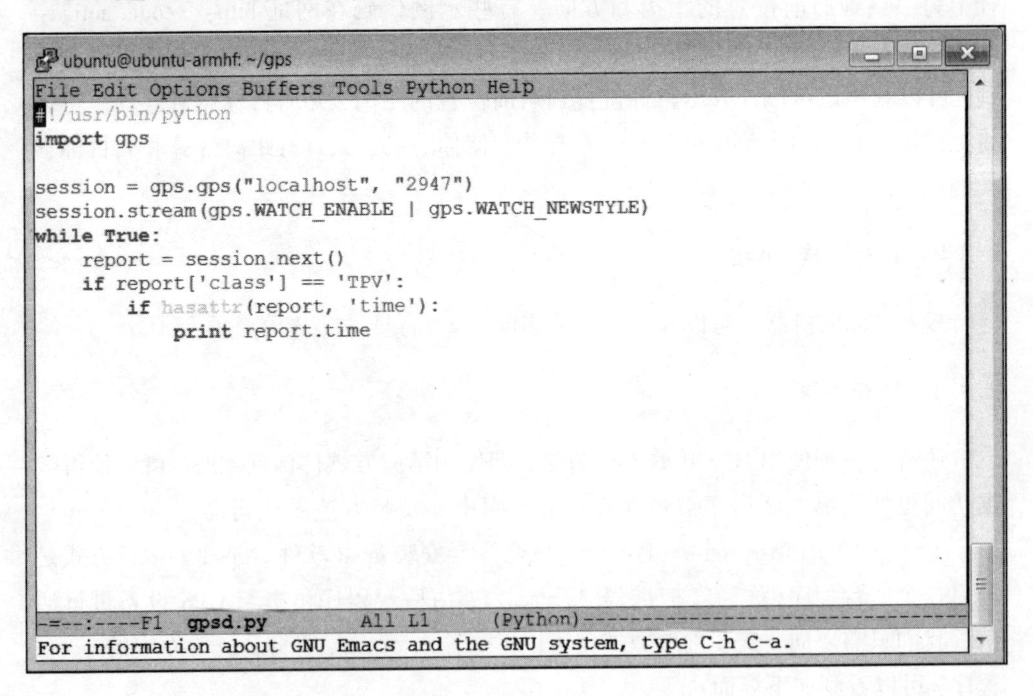

代码细节如下：

1. #! /usr/bin/python：使得我们可以在控制台运行此文件。
2. import gps：导入 gps 库，使得我们可以访问 gpsd 库。
3. session = gps.gps("localhost", "2947")：建立与 gpsd 库的通信连接。它打开本地端口 2947，指派给 gpsd。
4. session.stream(GPS.WATCH_ENABLE | GPS.WATCH_NEWSTYLE)：建立连接后，告诉系统寻找新的 GPS 数据。
5. while True:：使程序进入无限循环，直到用户强制退出(键入 Ctrl + C)
6. report = session.next()：获取数据后，保存到 report 变量中。
7. if report['class'] == 'TPV':：检查 report 变量中的数据是否是你需要的。
8. if hasattr(report, 'time'):：保证 report 变量中包含时间数据。
9. print report.time：打印时间数据。在本例中这么做的原因是，时间数据在任何情况下都能读取到，即使 GPS 设备没有发现足够的卫星来给出定位信息。要了解其他属性，参考网址 www.catb.org/gpsd/gpsd_json.html 获取细节信息。

程序编写完成后，输入命令 python gpsd.py 执行。下图所示是可能的输出：

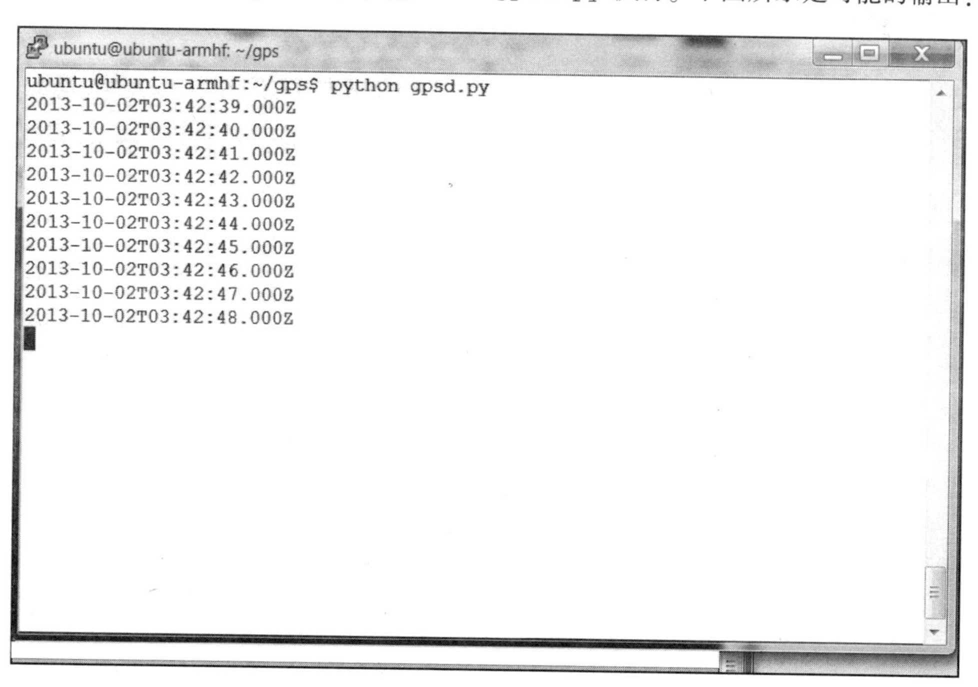

## 9.4 任务完成

祝贺！你的机器人现在可以四处移动，并且不会走丢了。你可以使用GPS数据规划到不同目的地的路径，同时跟踪机器人的轨迹。

## 9.5 挑战

显示定位信息的方法之一是使用图形界面，在地图上给出当前位置。有几种地图应用软件可以配合你的GPS接收器在地图上显示位置。以下网站提供了这方面技术的优秀指南：https://www.sparkfun.com/tutorials/403。不需要关注该指南中的硬件配置部分，只要从“Read a GPS and plot position with Python”一节开始学习就可以了。

# 第 10 章

# 系 统 集 成

前面的各个章节已经花了很多时间描述机器人项目中的各个独立功能。本章中，我们准备讨论如何把前面的诸多独立功能集成到一个系统中。

## 10.1 任务简述

我们已经花费了很多时间完成各项独立的功能，机器人也具备了很多本领。本章将把所有功能集成到一个框架，使其能协同工作。

### 10.1.1 亮点展示

显然，你不希望机器人只是单独地能看，能走，能说话。你一定想以更加协调的方式完成所有这些事。本章将介绍如何通过编程将所有这些单独的功能集成到一起，使得你的项目看起来更加智能化。

### 10.1.2 目标

本章中，你将建立一个通用控制结构，以便于不同的功能可以通过系统调用实现共同工作。

### 10.1.3 任务检查清单

至此，我们已经准备好了硬件。接下来，我们通过软件为其添加功能。你需要为新增的软件准备足够多的存储空间。首先，检查一下存储卡上还有多少剩余空间。你需要安装 discus 程序：可以用它来查看已使用的和剩余磁盘空间状况。

输入命令 `sudo apt-get install discus`。该命令将安装 discus 程序。运行该程序，将看到与如下输出相似的结果：

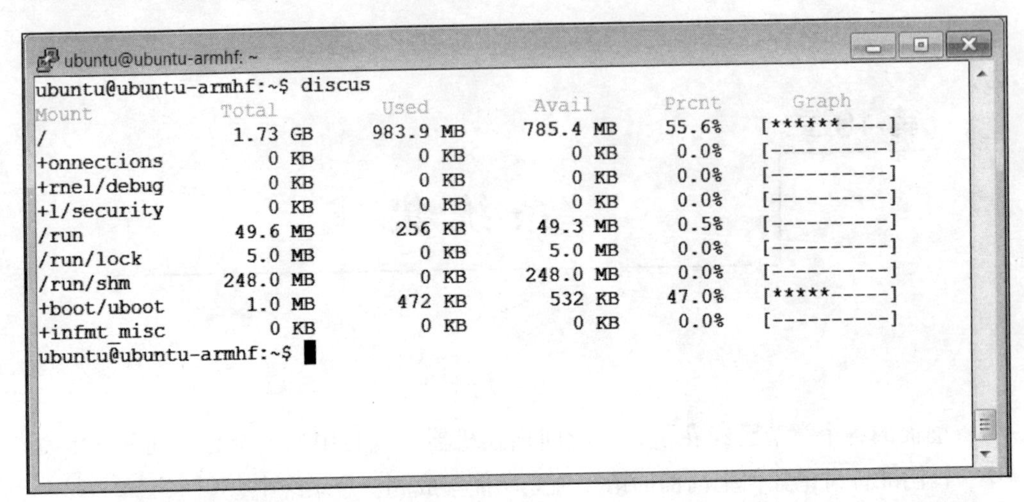


注意，此时我的存储空间显示总共只有 1.73 GB，而实际上这是一张总容量为 8 GB 的存储卡，如何才能访问到剩余的空间呢？4.3 节中已经介绍过。完成该节中的操作步骤后，可看到如下输出：

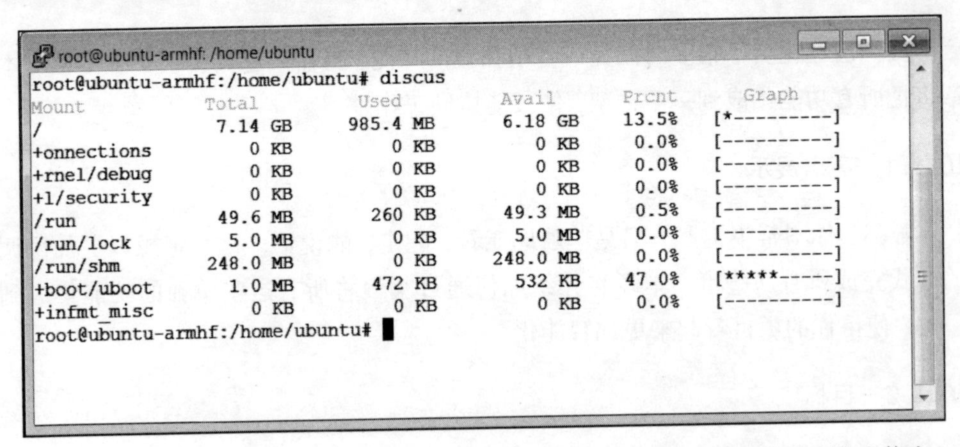


现在已经有了略多于 7 GB 的空间。也可以使用 `df-h` 命令看到同样的输出信息。

**下载样例代码和彩色图片**

可以通过访问 http://www.huaxin.com.cn 获取本书的样例代码和彩色图片。也可以通过访问 http://www.packtpub.com/support 网页得到这些文件。

## 10.2 建立通用控制结构使功能模块间相互通信

现在你有了一个可移动的机器人，你想协调不同功能模块之间的工作。我们从最简单的方法开始：使用一个简单的控制程序调用其他的功能程序。

### 10.2.1 任务准备

这里要做的工作之前已经做过一次了。在第3章中，编写了文件continuous.c，调用其他程序执行各项功能。下面是之前用到过的代码，位于/home/Ubuntu/pocketsphinx-0.8/programs/src目录下。

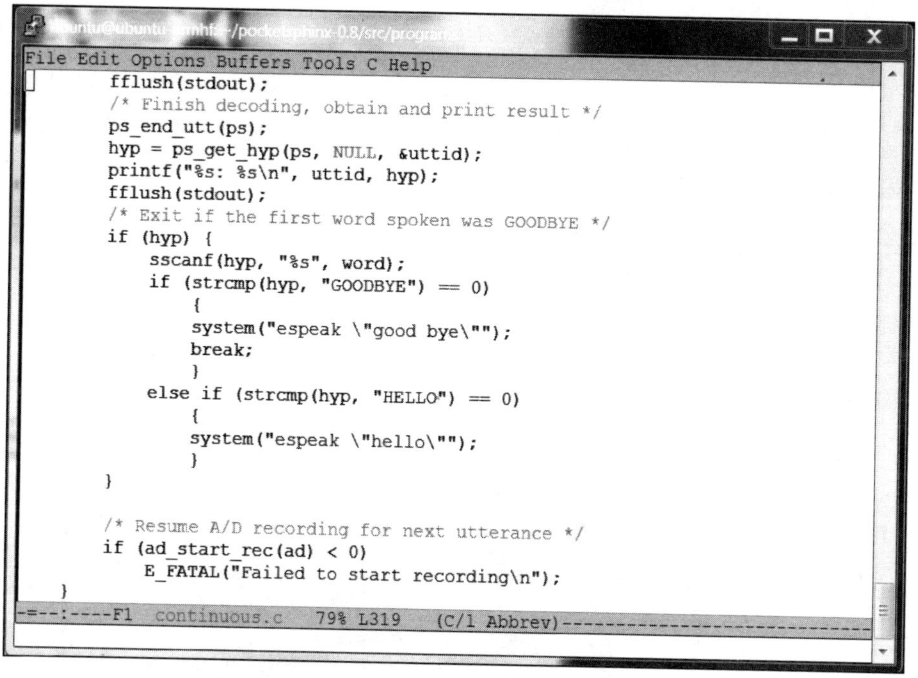

```
File Edit Options Buffers Tools C Help
        fflush(stdout);
        /* Finish decoding, obtain and print result */
        ps_end_utt(ps);
        hyp = ps_get_hyp(ps, NULL, &uttid);
        printf("%s: %s\n", uttid, hyp);
        fflush(stdout);
        /* Exit if the first word spoken was GOODBYE */
        if (hyp) {
            sscanf(hyp, "%s", word);
            if (strcmp(hyp, "GOODBYE") == 0)
                {
                system("espeak \"good bye\"");
                break;
                }
            else if (strcmp(hyp, "HELLO") == 0)
                {
                system("espeak \"hello\"");
                }
        }

        /* Resume A/D recording for next utterance */
        if (ad_start_rec(ad) < 0)
            E_FATAL("Failed to start recording\n");
    }
-=--:----F1  continuous.c    79% L319   (C/l Abbrev)------------------------
```

代码中重要的语句是system("espeak \"good bye"\"");。当你使用system系统调用，实际上调用了另一个程序espeak，并且为其传递了“good bye”作为参数。单词“good”和“bye”将会从扬声器中输出。

这里是另一个例子，来自第5章，可以利用它命令机器人移动。

```
pi@raspberrypi: ~/pocketsphinx-0.8/src/programs
File Edit Options Buffers Tools C Help
        /* Finish decoding, obtain and print result */
        ps_end_utt(ps);
        hyp = ps_get_hyp(ps, NULL, &uttid);
        printf("%s: %s\n", uttid, hyp);
        fflush(stdout);

        /* Exit if the first word spoken was GOODBYE */
        if (hyp) {
            sscanf(hyp, "%s", word);
            if (strcmp(hyp, "GOOD BYE") == 0)
                {
                    system("espeak \"good bye\"");
                    break;
                }
            else if (strcmp(hyp, "HELLO") == 0)
                system("espeak \"hello\"");
            else if (strcmp(hyp, "FORWARD") == 0)
                {
                    system("espeak \"moving robot\"");
                    system("/home/ubuntu/smc_linux/dcmotor.py");
                }
        }

        /* Resume A/D recording for next utterance */
-UU-:**--F1  continuous.c   78% L330   (C/l Abbrev)----------------------------
Auto-saving...done
```

该例中，假如你对机器人下达 forward 命令，它将会执行两个程序。首先，使用“moving robot”参数调用 espeak 程序，“moving robot”这几个词会从机器人的扬声器中输出。第二个程序是 dcmotor.py，它包括了使机器人移动的命令。

下面将引入一个 Python 语言编写的示例程序；Python 是我最喜爱的语言。我把它用在轮式机器人上。

它有摄像头，可以通过扬声器与人通信。我通过无线键盘控制它。想添加追踪彩球的功能，随着球的移动转动方向，并在转向时告诉我。

你也需要确保程序用到的硬件能正常工作，将USB摄像头和两个直流电机控制器连接到BeagleBoneBlack上。按照4.2节的要求连接摄像头。最好在连接其他USB设备之前连接USB摄像头。

摄像头启动后，检查两个电机控制器。输入 cd/home/Ubuntu/scm_linux，和./SmcCmd-list。应该可以看到如下输出：

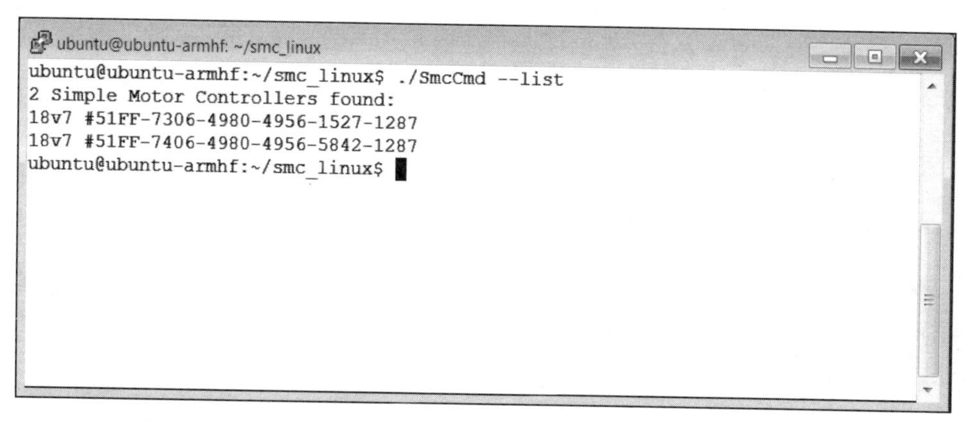


上面的输出表示两个直流电机控制器状态正常。图中数字表示电机控制器的串号；可以使用它们对某个电机控制器发送命令。比如，当需要发送 resume 命令到电机时，按照下图所示输入命令：

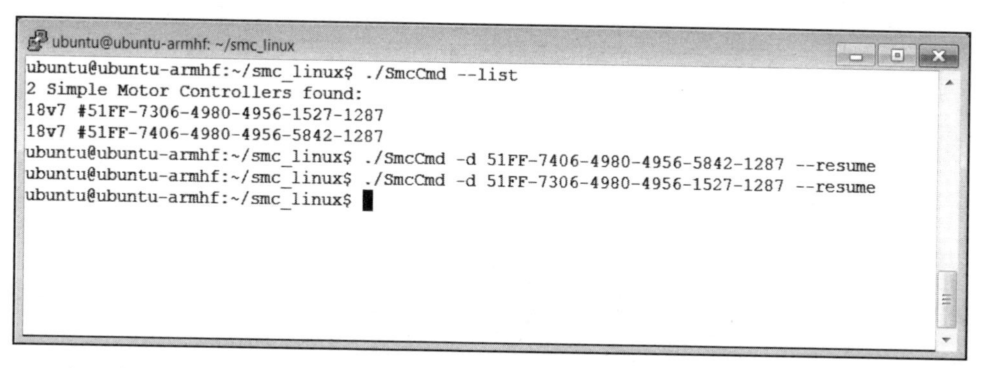


我准备开发三个不同的程序。首先编写主控程序，它可以发现彩球在左侧还是在右侧。另外，编写一个让机器人向左或向右约45°移动的程序。我准备让一切保持简单，你也许想把所有程序放到一个文件里。但是随着程序复杂度的增加，将各个程序分别放到不同的文件中更加合适，所以这是你的机器人项目代码的好的起点。另外，假如你想在另一个项目中重用这些代码，或者想分享这些代码，将实现不同功能的代码分开放到不同的文件中会有帮助。

### 10.2.2 任务执行

你准备为该项目准备三个程序。为了使它们组织良好，在 home 目录下输入命令 mkdir robot 创建新目录，并将把所有文件都放到该目录下。

下一步是编写两个文件，移动你的机器人：一个文件控制向左移动，另一个控制向右移动。为了完成它们，先创建两个第 5 章中 dcmotor.py 文件的副本。输入命令 cp dcmotor.py ./robot/move_left.py，cp dcmotor.py ./robot/move_right.py，将新建立的两个文件放到 robot 目录下。现在开始改写文件，修改语句块"if __name__ == "__main__":"中的两个数字即可。下图所示是对 move_left.py 文件做出修改的部分：

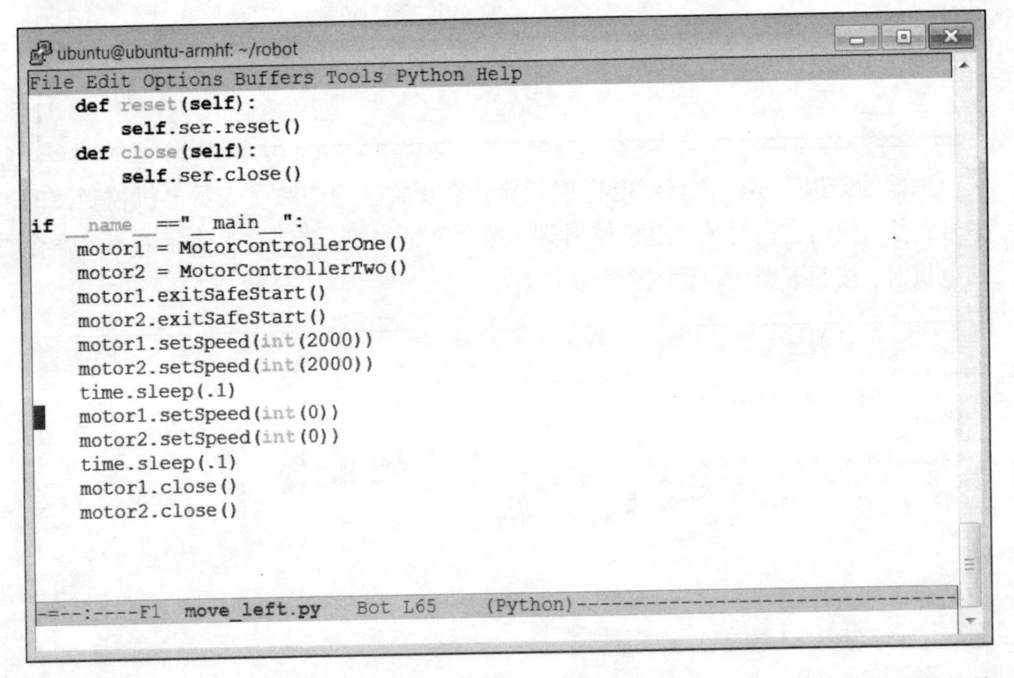


这里不再解释代码的细节，因为已经在第 5 章详细讲解过了。修改的数字是 motorx.setSpeed 函数的实参，对两个电机都是用 2000 的值使得机器人向左转向。另外，修改 time.sleep 调用的实参为 0.1，使得机器人对外界的反应更加迅速。实参 0.1 代表程序将会延迟执行 0.1 秒。下面对 move_right.py 文件做出相似的修改：

```
ubuntu@ubuntu-armhf: ~/robot
File Edit Options Buffers Tools Python Help
    def reset(self):
        self.ser.reset()
    def close(self):
        self.ser.close()

if __name__=="__main__":
    motor1 = MotorControllerOne()
    motor2 = MotorControllerTwo()
    motor1.exitSafeStart()
    motor2.exitSafeStart()
    motor1.setSpeed(int(-2000))
    motor2.setSpeed(int(-2000))
    time.sleep(.1)
    motor1.setSpeed(int(0))
    motor2.setSpeed(int(0))
    time.sleep(.1)
    motor1.close()
    motor2.close()

-=--:----F1  move_right.py   Bot L62    (Python)------------------------------
```

这里 setSpeed 函数的实参都修改为-2000，它将使机器人向右转向。

最后一步编写主控程序，将其命名为 follow.py。打开文件输入如下代码，如果是用 Emacs，请输入命令 emacs follow.py：

```
ubuntu@ubuntu-armhf: ~/robot
File Edit Options Buffers Tools Python Help
#!/usr/bin/python
import cv2
import numpy
from subprocess import call

cap = cv2.VideoCapture(0)

while True:
    ret,img = cap.read()
    img = cv2.blur(img,(3,3))
    hsv = cv2.cvtColor(img,cv2.COLOR_BGR2HSV)
    threshold = cv2.inRange(hsv,numpy.array((0, 155, 0)), numpy.array((255, 255\
, 255)))
    contours, num = cv2.findContours(threshold,cv2.RETR_LIST,cv2.CHAIN_APPROX_S\
IMPLE)
    max_area = 0
    cx = 0
    cy = 0
    for cnt in contours:
        area = cv2.contourArea(cnt)
        if area > max_area:
            max_area = area
            max_cnt = cnt
    if max_area != 0:
        M = cv2.moments(max_cnt)
        cx,cy = int(M['m10']/M['m00']), int(M['m01']/M['m00'])
        cv2.circle(img,(cx,cy),5,255,-1)
    cv2.imshow("Ball Tracker", img)
    if cx > 280:
        call(["./move_right.py"])
    if cx < 20 and cx > 0:
        call(["./move_left.py"])
    if cv2.waitKey(10) == 27:
        break

-=--:----F1  follow.py      Top L1     (Python)------------------------------
For information about GNU Emacs and the GNU system, type C-h C-a.
```

浏览一下代码：

1. #! /usr/bin/python：可以让程序在 Python 环境外执行。如果后面准备用 autostart 或者语音命令执行就需要此行。
2. import cv2：导入 OpenCV 库，用于图像处理。
3. import numpy：导入 numpy 库，允许 Python 处理与 OpenCV 相关的特殊数组。
4. from subprocess import call：导入 call 库，允许调用其他程序。
5. cap = cv2.VideoCapture(0)：初始化网络摄像头。
6. while True:：建立无限循环，只有在图像窗口中按下 Esc 键时才能退出。
7. ret,img = cap.read()：捕获图像后存放到 img 数组中。
8. img = cv2.blur(img,(3,3))：对图像做平滑处理，去掉随机噪点。
9. hsv = cv2.cvtColor(img,cv2.COLOR_BGR2HSV)：将图像文件转换成用另一个颜色空间表示。
10. threshold = cv2.inRange(hsv, numpy.array((0, 155, 0)), numpy.array((255, 255,255)))：创建一个新的图像矩阵，值(0,155,0)到(255,255,255)(也就是中间值必须大于或等于155)仅允许绿色物体通过该阈值。
11. contours, num = cv2.findContours(threshold,cv2.RETR_LIST, cv2.CHAIN_APPROX_SIMPLE)：在黑白图像中寻找包含相同颜色的色块轮廓。
12. max_area = 0, cx = 0, cy = 0：变量初始化。
13. for cnt in contours:：遍历 contours 数组，寻找最大的色块；我们假定它就是圆球。
14. if max_area ! = 0:：只有找到最大色块的情况下，才会将坐标值 cx，cy 定位到色块中心。
15. M = cv2.moments(max_cnt)：获取最大色块的图像矩。
16. cx,cy = int(M['m10']/M['m00']), int(M['m01']/M['m00'])：定位到最大色块的中心。
17. cv2.circle(img,(cx,cy),5,255,-1)：在最大色块的中心绘制蓝色圆点。
18. cv2.imshow("("Ball Tracker",", img)：在屏幕上显示图像。
19. if cx > 280:
    call(["./(["./move_right.py"])"])：如果最大色块的 cx 值大于 280，则调用 move_right.py 程序，驱动机器人向右移动。

20. if cx < 20 and cx > 0:
    call(["./(["./move_left.py"])"]): 如果最大色块的 cx 值大于0，但小于20，则调用 move_left.py 程序，驱动机器人向左移动。
21. if cv2.waitKey(10) == 27:: 在当前窗口输入 Esc 键后停止程序运行。

### 10.2.3 任务完成-小结

现在可以输入命令 sudo ./follow.py 运行程序。将会出现如下图所示窗口：

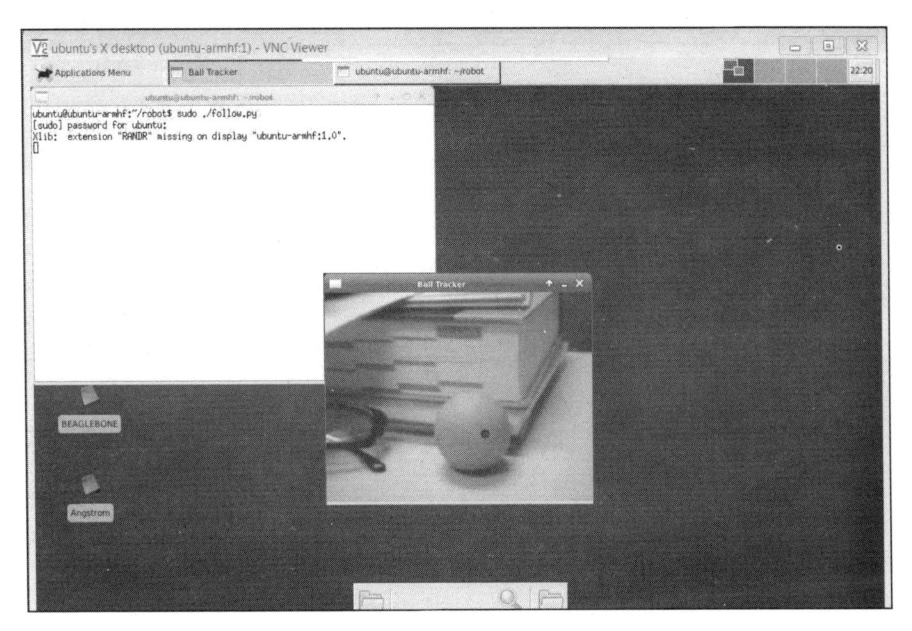


蓝色小点表示程序正在追踪绿色球。当绿色球向左边移动，机器人会向左转向。当绿色球向右边移动，机器人会向右转向。

### 10.2.4 补充信息

可以通过修改语句 threshold = cv2.inRange(hsv,numpy.array((0, 155, 0)), numpy.array((255, 255,255))). 来改变程序要寻找的颜色。

针对另外两种颜色的代码如下：

- **黄色**：threshold = cv2.inRange(hsv,numpy.array((20, 100, 100)), numpy.array((30, 255,255)))
- **蓝色**：threshold = cv2.inRange(hsv,numpy.array((100, 100, 100)), numpy.array((120, 255,255)))

利用 OpenCV 也可以做运动探测。有许多这方面的好的教程。一个比较简单的示例可参见 http://www.steinm.com/blog/motion-detection-webcam-python-opencv-differential-images。另一个相对复杂但实现方式更优美的例子可参见 http://stackoverflow.com/questions/3374828/how-do-i-track-motion-using-opencv-in-python。

当使用运动探测功能时，假如在屏幕面前转动小球，则可以看到网络摄像头给出下面的输出(使用第二个教程的例子)：

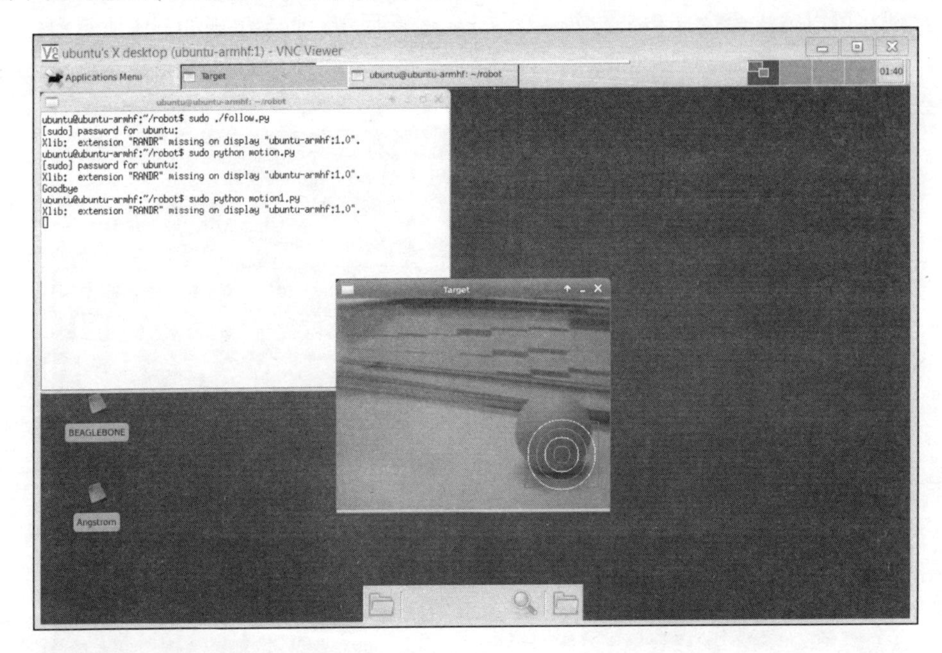


你可以使用这种技术让机器人追踪运动中的物体。

## 10.3 任务完成

现在已经可以协调机器人身上的各种复杂功能了。机器人目前可以同时行走，说话，看，听，甚至感知周围环境。

## 10.4 挑战

如你所见，整个项目中不同部分之间的通信是比较有挑战性的。你可能习惯于使用操作系统，它为计算机提供给了许多基础的管理功能。本节将介绍一种为机器人项目设计的特殊的操作系统，即机器人操作系统(Robot Operating System，ROS)。

该操作系统是基于 Linux 开发的，提供了一些有趣的功能。

ROS 是免费且开源的。它是一个非常复杂的功能集合，但是只要花一点时间学习，就可以使用其中一些机器人研究领域中最复杂的功能。

为了在 BeagleBone Black 上安装 ROS，请访问 http://wiki.ros.org/groovy/Installation/UbuntuARM。它将手把手教你如何下载以及把 ROS 安装到 BeagleBone Black 上。同时选择 Ubuntu on ARM，因为 ARM 是 BeagleBone Black 使用的体系结构，然后选择目前你正在运行的 Ubuntu 版本。假如你用的是 Ubuntu 12.04，那么选择 12.04 Precise armhf 目录。Armhf 是体系结构名，ARM 代表处理器，hf 代表处理器支持硬件浮点运算。

安装好后，可以浏览一下教程；它会介绍 ROS 的特性以及如何在机器人项目中使用。在 BeagleBone Black 上使用 ROS 存在一些限制；一些很好的用于监控的图形工具无法使用。尽管如此，ROS 仍然提供了配置和使不同功能之间相互通信的系统性解决方法。它还包含了一些有趣的程序，可以实现机器视觉和电机控制功能。

# 第 11 章

# 上天 · 入地 · 下海

已经制作了可以在地面移动的机器人；现在拓展想象，看看能否制作更多种类的机器人。

## 11.1 任务简述

我们已经制作了可以在地面巡航的机器人。现在我们看看是否可以造出在空中飞翔或在水中航行的机器人。希望你已经可以熟练地访问 USB 控制通道，并通过 USB 接口访问伺服控制器和其他设备。本章将只是指出正确的方向，希望你自己去探索，而不是手把手地教会每一步。本章将介绍 Internet 上的一些示例项目。尽管这些项目非常复杂，仍希望你已准备好自己去探索它们。

### 11.1.1 亮点展示

你一定不希望你的机器人只会走路或滚动。你会想让它们可以飞翔，航海或者游泳。本章将介绍如何利用在前面的项目中掌握的技能，赋予机器人飞翔、航海或者潜水的能力。

### 11.1.2 目标

本章中我们将会：

- 利用 BeagleBone Black 制作航海机器人。
- 利用 BeagleBone Black 制作飞行机器人。
- 利用 BeagleBone Black 制作潜水机器人。

**下载样例代码和彩色图片**

可以通过访问 http://www.huaxin.com.cn 获取本书的样例代码和彩色图片。也可以通过访问 http://www.packtpub.com/support 网页得到这些文件。

### 11.1.3 任务检查列表

为了完成这些项目，需要为机器人添加一些硬件。因为各个项目所用的硬件不同，每一节中将单独介绍这些新增硬件。

## 11.2 航海机器人

前面已经制造了陆地移动机器人，现在转向另一个完全不同的移动平台——帆船。本节将介绍如何使用 BeagleBone Black 控制帆船。

### 11.2.1 任务准备

幸运的是，航海和在陆地行走一样简单。首先，你需要一个航海平台。下图显示了一个 RC 航海平台，可以在它上面做一些改造以接受 BeagleBone Black 的控制。

事实上，许多 RC 帆船都可以改造来添加 BeagleBone Black。你只需要足够的空

间用来放置处理器、电池和附加的控制电路即可。本例中，帆船有两个控制机构：一个控制船舵的伺服和一个控制风帆位置的伺服。如下图所示：

为了实现对帆船的自动控制，需要安装 BeagleBone Black、电池和伺服控制器。这里使用的伺服控制器和在第 5 章中使用的很相似。它是 Pololu 公司生产的六伺服控制器网址 http://www.pololu.com，与下图中展示的伺服很相像：

该伺服控制器的优点在于体积小巧，可以放到帆船中的狭小空间中。唯一挑战是如何为其供电。幸运的是可以购买标准线缆为伺服供电。需要的电缆是 USB 转 TTL serial/RS232 的转接线缆。确保线缆 TTL 端是单独的母头。可以在 http://www.amazon.com 或者 http://www.adafruit.com 购买。线缆图片如下：

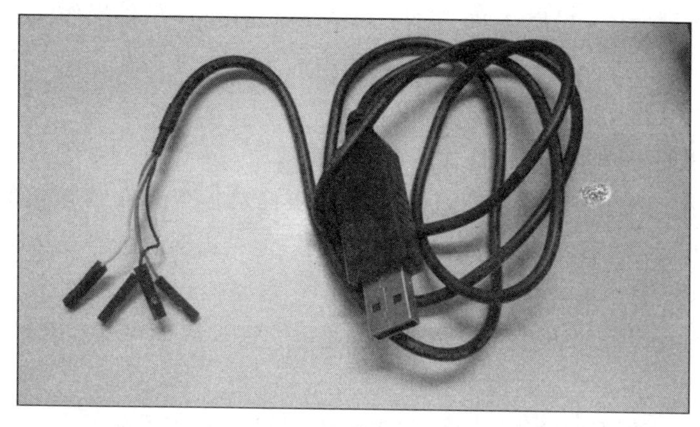

其中红线和黑线是电源线。现在可以将其连接到伺服控制器上了，如下图所示：

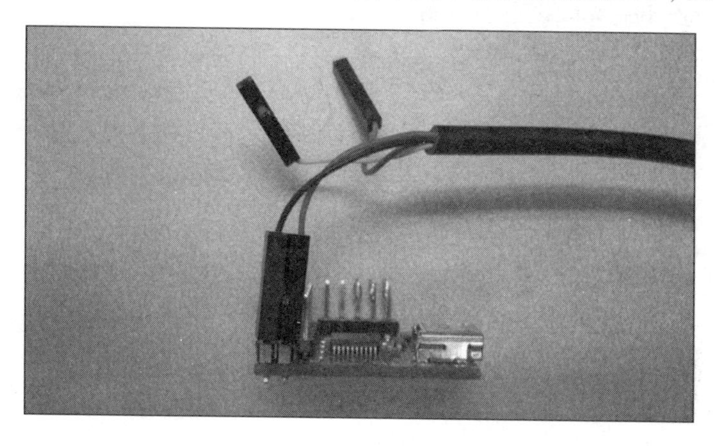

### 11.2.2 任务执行

完成帆船船体组装后，先将伺服控制器连接到船上的伺服电机，然后再安装其他电子器件。就像下图所示的那样：

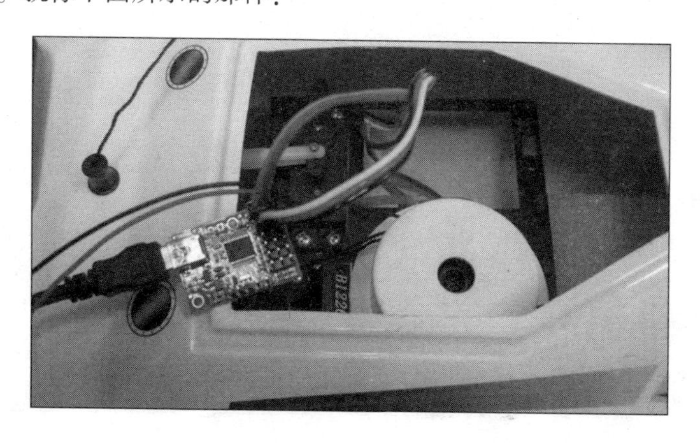

就如第5章所述，可以在PC上使用MaestroController软件操作伺服控制器。当把它连接到BeagleBone Black上时，可以使用第5章中的Python程序控制它。你也许不想使用有线连接，那么可以用第7章中学到的方法用无线连接来控制系统。

如果你用的是标准2.4 GHz无线键盘，或者是2.4 GHz的其他无线控制器，将会遇到一些小小的挑战。可以通过更强大的双向通信方式获得更长的通信距离。一种可能的方案是无线局域网，可惜多数湖泊或池塘边都没有建立开放的无线局域网。你也可以将路由器连接到笔记本计算机上，建立自己的无线网络。许多智能手机都可以将自身设置为无线局域网热点，通过它也可以创建无线局域网远程连接帆船。

另一种可能的解决方案是使用ZigBee无线设备来实现帆船和计算机的连接。称为XBee的ZigBee无线设备如下图所示：

你需要两个Xbee模块，以及相应的USB接口板。可以在很多地方买到，比如http://www.adafruit.com。下图展示了连接到USB接口板上的Xbee模块：

现在你可以通过无线网络将计算机和 BeagleBone Black 连接起来了。它的优点是建立了与帆船的专用连接，并且可以在接近一英里的范围内自由控制帆船。下面的连接提供了出色的示例，展示了如何配置及建立两台计算机之间的专用连接：http://examples.digi.com/get-started/basic-xbee-802-15-4-chat131。

### 11.2.3 任务完成-小结

现在你可以使用帆船航海了，通过键盘或者 ZigBee 无线网络控制它。假如你想让它实现完全的自动化，向其加入 GPS 功能，就可以使帆船航行到不同的地方。还有一个你可能想要加入系统中的部件是风速传感器。下图展示了一个便宜的风速传感器，可以在 http://www.moderndevices.com 找到。

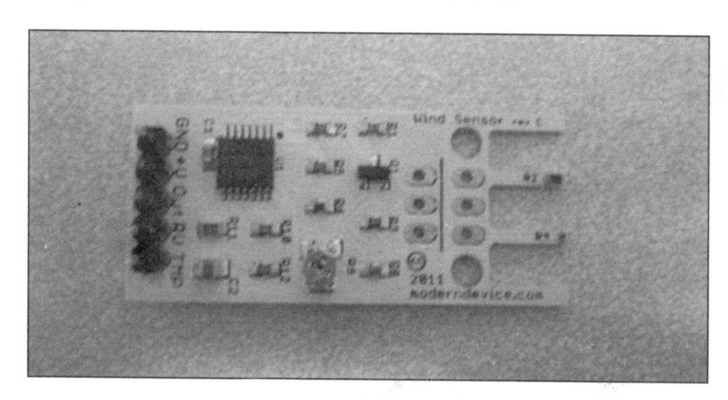


可以将其安装在桅杆上。我用一条结实的带子将它绑在桅杆的顶端，就像下图中那样：

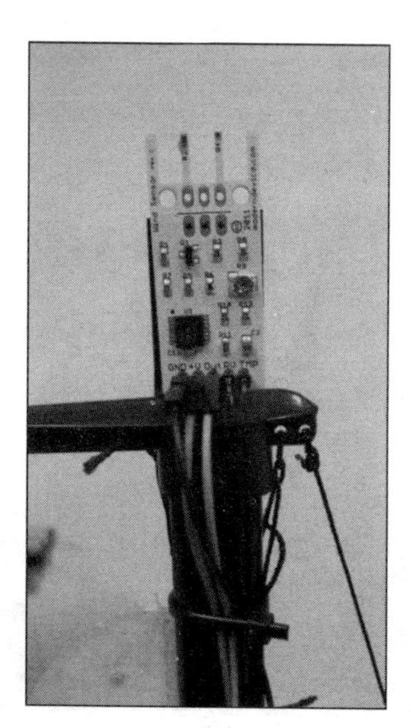

为了将其接入系统，需要一种方法读取传感器的模拟输入，并将其送给 BeagleBone Black。可以将模拟数据送到 BeagleBone Black 上的 GPIO 模拟输入引脚。实现这一点在编程上有一点小技巧，同时注意 BeagleBone Black 板上的 ADC 只能处理最高 1.8 V 的输入。假如对将传感器直接连接到 GPIO 上不熟练，可以使用 PhidgetInterfaceKit 2/2/2 转接器(网址 http://www.phidgets.com)。它可以采集模拟输入信号，并转换成可以通过 USB 接口读入的数字信号。下图是该设备的图片：

下图展示了风速传感器如何连接到转接器：

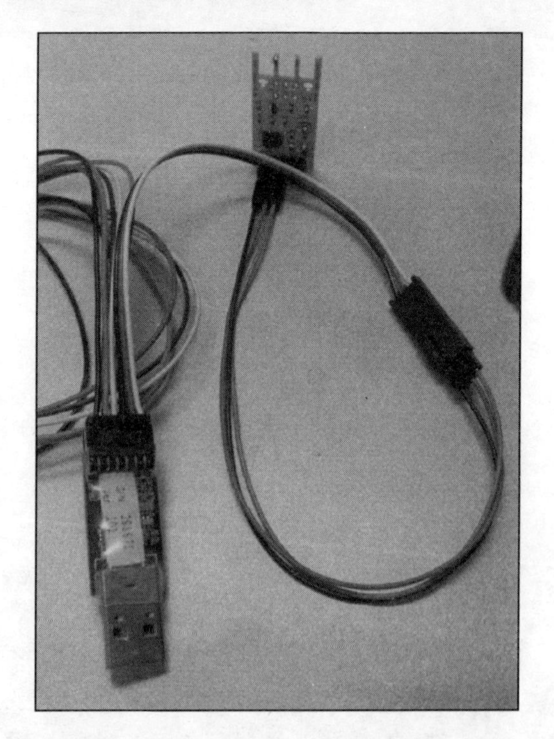

线缆连接图如下：

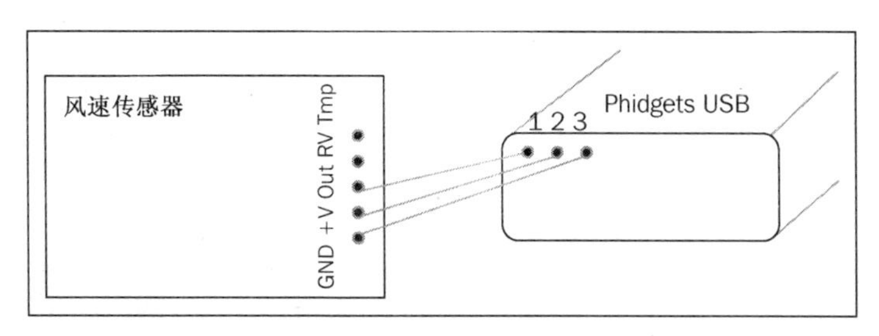


现在你可以像之前从其他 USB 设备读取数据一样从 USB 接口读取风速数据了。Phidgets 网站将引导你完成下载过程，我选择 Python 作为编程语言，下载相应的库和示例代码。当有风吹向风速传感器时，运行程序，可得到如下输出：

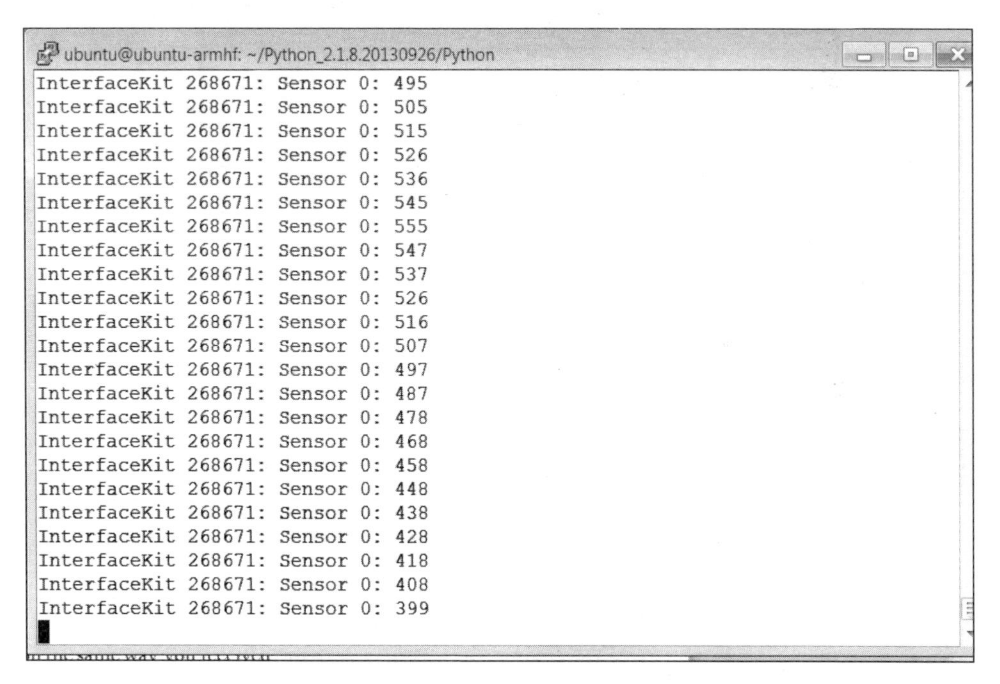


现在你已经有办法获取位置，测量风速，可以使用 BeagleBone Black 独立航海了。需要特别关注防水问题，特别是在风浪比较大的情况下。必须将覆盖电子设备的舱口固定好，我使用螺丝和贴片固定住舱门，并用密封胶封好。

## 11.3 飞行机器人

你已经制作了轮式机器人，有腿的机器人，和航海机器人。你也可以制作能飞行的机器人，依靠 BeagleBone Black 来控制飞行动作。有几种方法可以将 Beagle-

Bone Black 和飞行机器人项目结合起来，但最直接的方法是将其用到四旋翼飞行器平台上。

四旋翼飞行器是近年来非常流行的一个飞行器平台。它使用了和直升机一样的垂直起降原理，但它不是只用了一个电机/螺旋桨，而是同时使用了四个，从而达到了更高的稳定性。下图展示了一个四旋翼飞行器：

四旋翼飞行器有两组反向旋转的螺旋桨，也就是说，两个螺旋桨顺时针旋转，另两个螺旋桨逆时针旋转，从而使得它们提供同一方向的推力。这种方法提供了天生就很稳定的平台。控制四个电机上的推力，可以控制飞行器做出倾斜、滚动和转向等动作。下图展示了各种动作的操作方法：

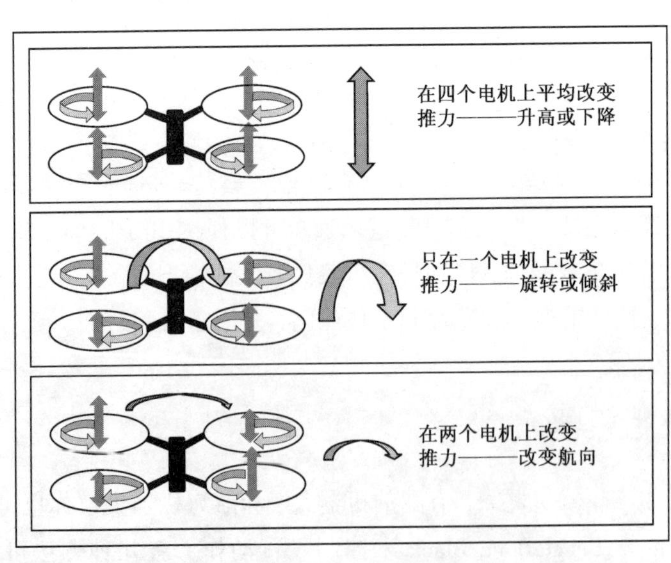

如你所见，控制四个电机的相对推力大小可让你以多种方式控制飞行器。如果要向前移动，或者向任何方向移动，只需要完成改变倾斜角度和改变推力大小的组合动作，结果是飞行器没有向上飞，而是向前飞，如下图所示：

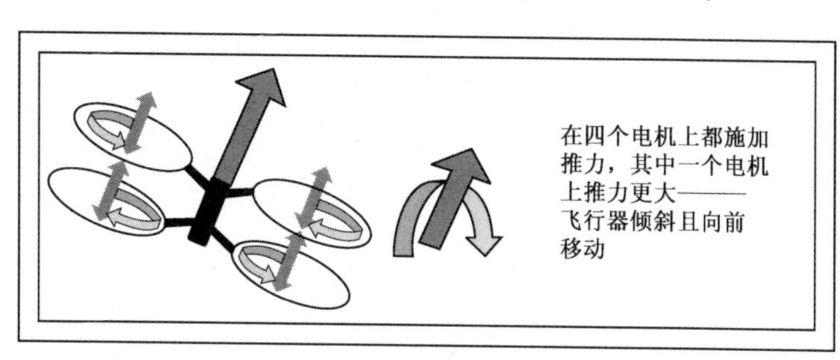

在四个电机上都施加推力，其中一个电机上推力更大——飞行器倾斜且向前移动


理想情况下，你了解构成四旋翼飞行器的每个部件，准确地知道如何给出控制信号以实现旋转、倾斜、转向或者升降等动作。但实际情况是，设备参数太多且实时变化，以致于不可能对它们都掌握得非常准确。替代方法是，该平台测量一系列参数，如位置、倾斜角度、旋转角度、转向角度和高度的值，然后调整电机控制信号以达到所要求的值。我们称这种方法为反馈控制。下图是反馈系统示意图：

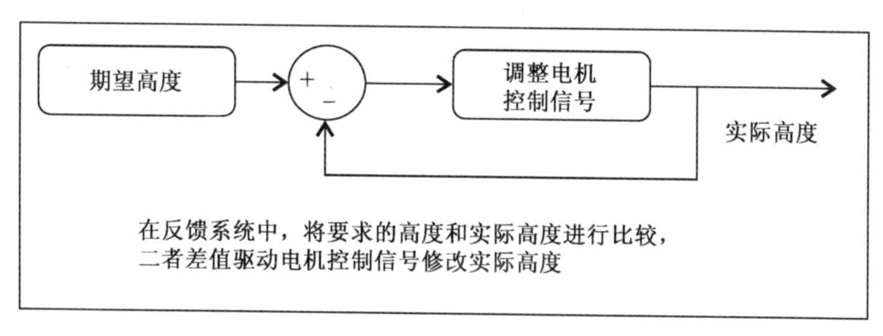


在反馈系统中，将要求的高度和实际高度进行比较，二者差值驱动电机控制信号修改实际高度

如你所见，假如飞行器高度过低，期望高度和实际高度的差值为正，则电机控制器将增大电机工作电流，提升高度。假如飞行器高度太高，期望高度和实际高度的差值为负，则电机控制器将减小电机工作电流，降低高度。假如要求高度和实际高度相等，二者差值等于零，则电机控制器将保持目前工作电流。在这种方式下，即使某个部件工作状态不稳定或者有风在吹着飞行器上下摆动，整个系统仍可以维持稳定的飞行姿态。

BeagleBone Black 在这种飞行器项目中的应用之一是协调飞行器的参数测量并控制好它的各种飞行动作。这是可以做到的；只是过于复杂了，其实现细节已经超出了本书的范围。有几个独立的开源软件和硬件项目致力于解决此问题。也许很快就会有有效的解决方案。

BeagleBone Black 仍然可以在这类飞行器项目中使用，方法是用另一个嵌入式处理器完成低层次的控制任务，而使用 BeagleBone Black 完成高层次任务，比如用 BeagleBone Black 的视觉系统识别一个彩球，并引导飞行器向它移动。另一个选项，就如帆船项目所展示的那样，用 BeagleBone Black 接收处理 GPS 信号，并通过 ZigBee 完成长距离通信。这是本节中将要完成的示例。

### 11.3.1 任务准备

第一件事就是要得到一款四旋翼飞行器。有三个途径可以得到：

- 购买一款已经组装好的四旋翼飞行器。
- 购买四旋翼飞行器套件，然后自己组装。
- 分别购买各个部件自己组装。

无论哪种方式，为了完成本节任务你都需要使用 ArduPilot 做为飞行控制系统。这套飞行系统使用了 Arduino 的飞行版本完成低层次的飞行回馈控制。这套系统的优点是你可以通过 USB 与之通信。

有许多使用 ArduPilot 作为飞行控制系统的四旋翼飞行器成品。其中一处的网址是 http://www. ArduPilot. com。该网站会给出该飞行控制系统的一些具体信息，并有几款已经组装好的飞行器成品出售。如果更想自己动手组装，请访问 http://www. unmannedtechshop. co. uk/multi- rotor. html 或者 http://www. buildyourowndrone. co. uk/ArduCopter- Kits- s/33. html，这两个网站不仅售卖飞行器成品，也售卖组装套件。

如果你想完全靠自己组装，有几个很好的关于如何选择正确的零件以及如何组装的指南。你可以访问下列网站：

- http://blog. tkjelectronics. dk/2012/03/quadcopters- how- toget- started/
- http://www. blog. oscarliang. net/build- a- quadcopter- beginnerstutorial- 1/
- http://www. arducopter. co. uk/what- do- i- need. html

上述几个网站都有非常棒的教程。

你也许会被市场上一些非常廉价的四旋翼飞行器所吸引。但是要注意它们需要满足本项目的两个关键要求：

- 飞行控制系统需要 USB 接口，以便于连接到 BeagleBone Black 上。

- 足够大，可以提供足够的推力以负载 BeagleBone Black、电池，或许还有网络摄像头和其他传感部件的重量。
- 另一个非常优秀的信息来源是 http://www. code. google. com/p/arducopter。它描述了 ArduPilot 的工作原理，也谈到了 Mission Planner，这是一个开源控制软件，用于控制飞行器上的 ArduPilot 系统。该软件在 PC 上运行，与飞行器之间以两种方式通信：直接通过 USB 连接通信，或者通过无线连接。BeagleBone Black 和 ArduPilot 直接通过 USB 连接通信。

### 11.3.2 任务执行

第一步是购买或者组装一个四旋翼飞行器，让它飞起来并通过无线方式控制。当你可以使用 BeagleBone Black 控制它之后，也许想要一个手持式的无线控制器，在飞行器没有完全按照原计划飞的时候将非常有用。

当你可以用无线方式稳定控制飞行器飞行的时候，你应该将 ArduPilot 切换到自动驾驶模式。为了做到这点，从 http://www. arduPilot. com/downloads 下载软件。运行该软件，可看到如下所示的界面：

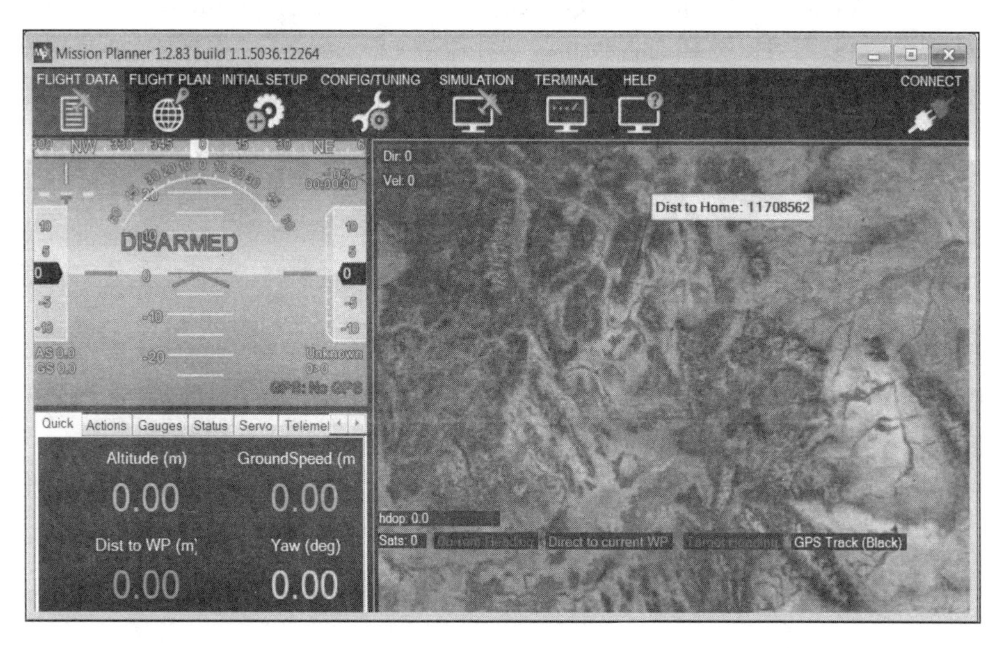


可以单击界面右上角的 CONNECT 按钮，使软件和 ArduPilot 连接。然后就应该可以看到与如下截图相似的界面：

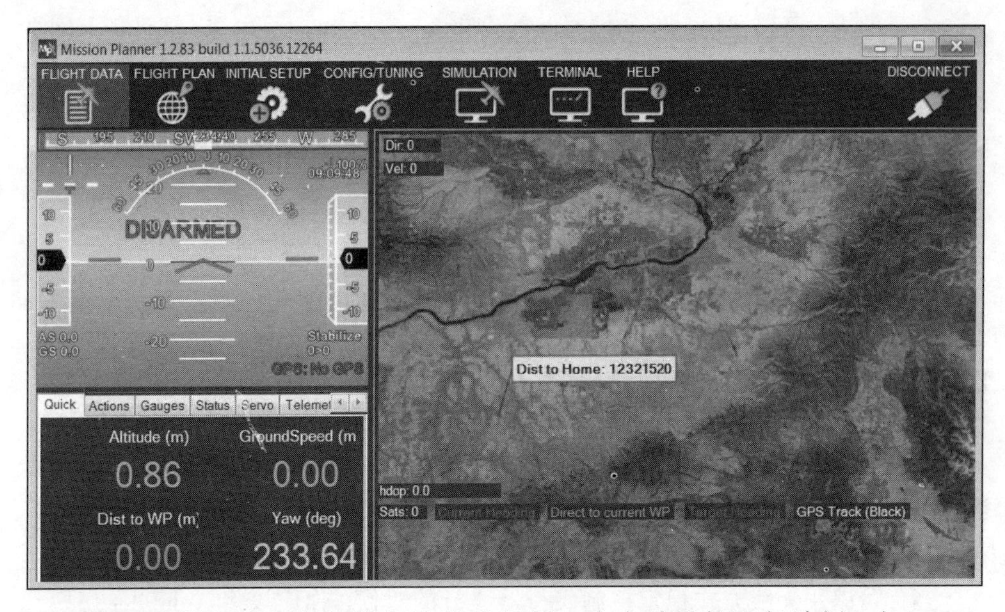


这里不再详细介绍如何使用该软件规划一个自动导航飞行计划，在 http://www.ArduPilot.com 网站上有许多文档介绍这些知识。注意在此方案中，并没有连接 GPS 到 ArduPilot 上。你要做的是将 BeagleBone Black 连接到 ArduPilot 上，使得 BeagleBone Black 可以像 Mission Planner 一样控制飞行器的飞行，而且是在更低更细节的层次上。你将使用 USB 接口，就像 Mission Planner 软件一样。

为了连接 BeagleBone Black 和 ArduPilot，需要修改 Arduino 代码，并编写 BeagleBone Black 代码。然后连接 BeagleBone Black 的 USB 接口到 ArduPilot，就可以向 Arudino 发送转向、倾斜和旋转命令，引导飞行器向指定位置飞行，Arduino 将保持飞行器稳定。这里有一个关于如何完成上述任务的出色的文档，虽然它是使用树莓派作为控制器：http://ghowen.me/build-your-own-quadcopter-autopilot。

### 11.3.3 任务完成-小结

现在你可以使用 BeagleBone Black 控制四旋翼飞行器飞行了，可以用上一节提到的 GPS 和 ZigBee 技术使飞行器具备半自动控制能力。

### 11.3.4 补充信息

你的飞行器可以实现全自动飞行。添加 3G 模块到项目中，可以让你一直跟踪飞行器轨迹，不论它飞到哪里，只要它可以接收到 3G 信号。3G 模块如下图所示：

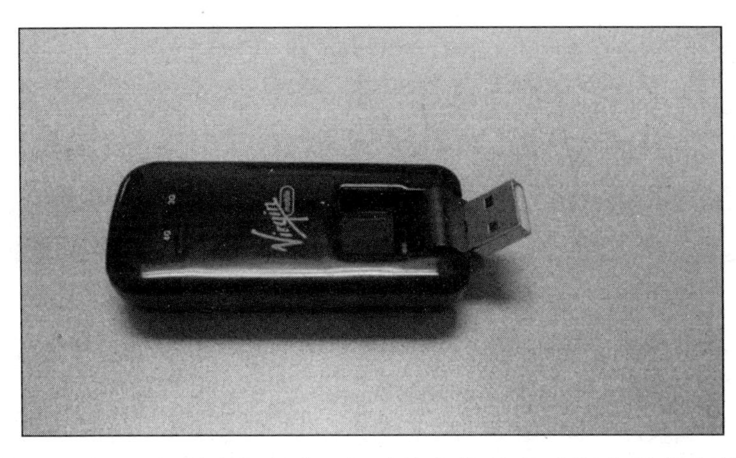

该模块可以在亚马逊网站购买，也可以在你的移动服务提供商处购买。在google上可以查找到如何在Linux上配置3G模块的教程。完整的示例项目可以访问http://www.skydrone.aero。

## 11.4 潜水机器人

前面已经研究了如何制作行走机器人、飞行机器人和航海机器人。最后一个目标是制作能够在水下移动的机器人。你可以用之前已经掌握的技术探索海底世界。本节将详细讲解如何在本例中使用你已经在远程操作交通工具(Remote Operated Vehicle, ROV)机器人项目中学到的技术。本项目中有一些有意思的挑战，所以做好准备吧。

### 11.4.1 任务准备

就像本章中的其他项目，你可以购买已经组装好的机器人成品，也可以选择自己动手组装一个。假如你想购买一个组装好的ROV机器人，请访问http://www.openrov.com。该项目接受Kickstarter资助，提供了完全的开发包，包括基于BeagleBone Black设计的电子设备。假如你想自己组装，有几个网站可以参考，其中有部分文档可以提供指导。比如http://www.dzlsevilgeniuslair.blogspot.dk/search/label/ROV，http://www.mbari.org/education/rov/和http://www.engadget.com/2007/09/04/build-your-own-underwater-rov-for-250，可以将BeagleBone Black安装到它们提供的平台上。

### 11.4.2 任务执行

不论是购买到了机器人还是自己组装成功了，接下来的第一件事是让 BeagleBone Black 控制电机。幸运的是，通过第 5 章的学习，你应该已经熟悉了如何使用电机控制器控制直流电机。这里需要控制三个或者四个电机，具体数量要看你所使用的平台类型。有意思的是，电机控制的问题与四旋翼飞行器中的电机控制问题非常相似。假如你使用四个电机，二者面临的问题几乎一样，不同之处仅在于上一个项目中你关注的是飞行器的升降，而这里你要关注的是使 ROV 向前移动。

有个重要的区别：ROV 本身比飞行器要稳定得多。在四旋翼飞行器项目中，飞行器在空中不断盘旋，空气阻力小，飞行器平台对姿态变化的响应必须非常迅速。因为系统一直在动态调整中，这就需要一个专用处理器对实时测量值做出反馈，并且分别独立控制四个电机以达到飞行器自身的平衡。

上述情况不适用于水下，潜水器不会剧烈地运动；事实上，它在水中航行时只消耗很少的电流。你可以操纵电机使 ROV 精确地驶向你要求的方向。

另一个区别在于在水下无线通信是不起作用的，所以你需要将设备用线缆系起来，通过线缆控制 ROV。你需要发出控制信号并送回水下视频以便于你实时控制 ROV。

你已经有了完成该项目所需的所有工具。像前面提到的，从第 5 章起已经知道了如何连接直流电机控制器(每个电机都需要一个控制器)。第 4 章的项目让 BeagleBone Black 具备了视觉，展示了如何使用网络摄像头，所以你可以看到周围的环境。所以这些都可以在一台笔记本计算机上通过运行 vncserver 得到控制。

### 11.4.3 任务完成-小结

创建这个基本的 ROV 平台开启了探索水下世界的可能性。ROV 平台有几个重要的优点。它很难丢失(用线缆牵着它)，并且因为设备移动速度很慢，发生碰撞的可能性比其他许多项目要小得多。最大的挑战是要做好防水。

## 11.5 任务完成

现在你可以访问许多不同种类的机器人项目了，它们可以带你在陆地，在水中，以及在空中移动。为新的挑战做好准备吧。

## 11.6 挑战

另一个项目是基于 ArduPilot 的飞机，仍然是通过 BeagleBone Black 控制。访问 http://www.plane.ArduPilot.com，可以得到关于通过 ArduPilot 控制固定翼飞机的信息。BeagleBone Black 完全可以添加到该项目中。